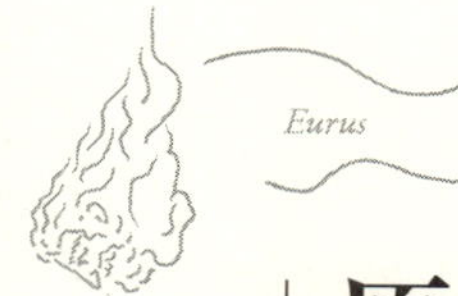

新藤宗幸
Muneyuki Shindo

原子力規制委員会

——独立・中立という幻想

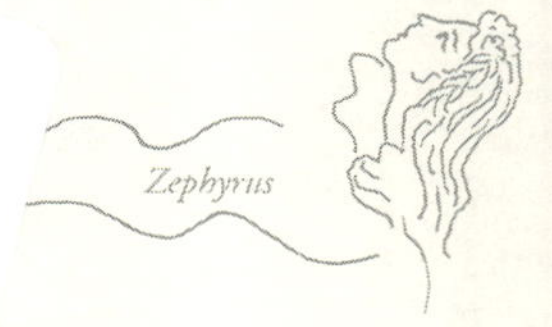

岩波新書
1690

目次

目次

序章　フクシマ後の現実

三・一一の衝撃

二〇一一年三月一一日一四時四六分、マグニチュード九・〇の巨大地震が東日本地域を襲った。この地震に誘発され青森県から千葉県にかけての太平洋岸に襲来した大津波は、昭和三陸津波やチリ地震による被害をはるかに上回る壊滅的打撃を、三陸沿岸地域にもたらした。今日なお、これらの地域の復旧・復興は、確たる展望がひらけないままである。

この巨大地震の衝撃は、つぎつぎと襲う大津波による二万人近い犠牲者・行方不明者と跡形もない地域の崩壊につきなかった。三月一二日以降、東京電力(以下、東電)福島第一原子力発電所の一・三・四号機がつぎつぎと原子炉建屋の水素ガス爆発を引き起こした。それどころか、運転中であった一・二・三号機は、核燃料の溶融を引き起こし、たまたま検査中で運転を停止していた四号機は、核燃料プールがむきだしになった。圧力容器・格納容器を突き破って溶融した核燃料の正確な形状や所在は、いまもって判然としない。

当時の菅直人・民主党政権は四月になって、この原発事故を国際原子力機関(IAEA)の原子力事象評価尺度でチェルノブイリと同じ最高のレベル7とした。それほどのシビアアクシデントであり、崩壊した四基の原発は、立地自治体と周辺のみならず広範囲に大量の放射性物質をまき散らした。その量はセシウム一三七に換算すると、広島型原爆の一六八・五倍になると推計された。

政府は避難指示区域を同心円的に拡大し住民に避難を指示した。だが、政府は放射性物質の飛散状況をモニターするSPEEDIを備えながらも、その情報を周辺自治体に送達しなかった。高濃度の放射性物質の飛散にもっとも影響をうけたのは福島県飯舘村だったともいえよう。炉心から三〇キロメートルを超える飯舘村は、放射性物質による高濃度の汚染状況にあることが判明し、二〇一一年五月になって全村民の避難を余儀なくされた。

政府が避難指示区域に設定した地域だけが放射性物質によって汚染されたわけではない。原発から二〇〇キロメートル以上離れた地域においてもホットスポットは存在する。その意味で長年の居住地での生活を奪われた人びとは、避難指示区域の住民にかぎらない。いわゆる「自主避難者」とよばれる避難指示区域外からの避難者も多数にのぼる。だが、東電、政府そして福島県の「自主避難者」への対応は、「勝手に逃げた」といわんばかりであり、およそ原発事業者・原発設置の許可処分者としての責任を真摯に果たすものとは、到底いえない。

枝野幸男・官房長官(当時)は、あってはならない原発のシビアアクシデントをまえにして、確たる科学的裏づけもないままに「直ちに人体に影響をおよぼすものではない」と連日記者会見でくりかえした。彼はどのような意味でこのフレーズをくりかえしたのか、依然として真意が伝えられていない。だが、いずれにしても非科学的であり、「気休め」で語ったとしたら無責任きわまりない発言だ。

東電福島第一原発のシビアアクシデントは、事故の応急対応に従事した東電協力会社の従業員に損傷をあたえただけでない。チェルノブイリ原発事故と同じく甲状腺がんを発症したり、その疑いが濃い子どもたちが多数いることが、次第に明らかになっている。

シビアアクシデント「隠し」から基幹電源へ

原発事故直後の政権の対応には、これまでにも多くの問題点が指摘されてきた。だが、依然として全容は「やぶの中」である。飯舘村にかぎらず原発立地自治体やその周辺自治体の住民は、全員避難を余儀なくされ生活と職を追われた。「原発絶対安全」神話を信じて生活を築いてきた人びとにとって、存在そのものを否定されたに等しい事態だ。

ところが、シビアアクシデントから九カ月後の二〇一一年一二月一六日、野田佳彦首相は福島第一原発の原子炉が「冷温停止状態」に達し、原発敷地内における事故が収束したと発表した。木野龍逸が鋭く指摘するように、「冷温停止状態」とは政府・東電の「造語」だ(『検証 福島原発事故・記者会見2』）。野田首相のいう「冷温停止状態」とは、原子炉の底の部分と格納容器内の温度が一〇〇度以下に保たれており、なんらかのトラブルが生じても敷地外の放射線量が低く保たれる、という意味であるようだ。

だが、木野が指摘するように、もともと原発では「冷温停止」という言葉がつかわれている。これはすべての制御棒を原子炉に挿入して核分裂反応をおさえ未臨界状態にし、冷却水の温度の下がることをいう。しかも東電が事故前に作成を義務づけられた「保安規定」では、冷温停止とは圧力容器の締めつけボルトをすべて締めつけている状態で、冷却水の温度が一〇〇度未満になった状態と定義されているが、現状はいまだに溶融した核燃料の形状も位置も摑みきれておらず、「冷温停止」とは程遠い。政府が発表した「冷温停止状態」とは、重大事故の衝撃をすこしでも和らげようとする政治の「造語」なのだ。

こうした野田政権の言動のみが問われるのではない。シビアアクシデント「隠し」は、民主党から政権を奪還した安倍晋三・第二次政権になって一段と進んだ。二〇一三年九月七日、ブエノスアイレスで開催されたＩＯＣ（国際オリンピック委員会）総会において安倍首相は、原子炉と汚染水は完全に「アンダーコントロール」と演説し、事故の影響のない「安全なオリンピック」の開催が可能であるとした。だが、この直前の八月、政府は福島第一原発からの汚染水の漏洩について、IAEAの原子力事象評価尺度でレベル3と認定したばかりである。安倍首相の「虚言」は、二〇二〇年の東京オリンピック開催決定という「お祭り騒ぎ」のなかでマスコミの批判の的とはならなかった。とはいえ、それが「虚言」であることは明白だ。依然として核燃料の冷却も汚染水の漏洩も続いている。しかも汚染水の貯蔵タンクは立地の余地がなくなり、海洋に放出することが画策されている。

安倍晋三を首班とする自民・公明党連立政権は、福島第一原発のシビアアクシデントの現実を臆面もなく捨て去ろうとしている。二〇一五年六月一日、政府の総合資源エネルギー調査会小委員会は、二〇三〇年度の電源構成案を決定し、さらに政権は同年七月のサミットをまえにこれを正式決定した。原発は二〇〜二二%を占めている。ほかに天然ガス火力発電が二七%、石炭火力二六%、再生可能エネルギー(水力、風力、太陽熱)による発電二二〜二四%、石油火力三%とされている。この小委員会の委員長は財界人であり、委員一三人には原発ゼロを主張する者はいない。いわば「原子力ムラ」の住人ばかりであり政権の代弁者たちだ。

二〇三〇年に原発の電源構成比を二〇〜二二%とするためには、三〇基程度の原発を必要とする。原発の寿命は二〇一三年七月八日に施行された改正原子炉等規制法で四〇年とされた(四〇年ルール)。ただし、原子力規制委員会の運転延長の認可をえれば、一回にかぎって最長二〇年の運転延長が例外的に認められている。四〇年ルールに従えば、二〇三〇年には現在電力各社がかかえる四三基中一八基が残るだけだ。したがって、新設や作り替え(リプレース)にくわえて、改正原子炉等規制法の例外規定にもとづいて最大二〇年の寿命延長を図らねばならない。

このように将来にわたって原発に依存し続けることは安倍政権の既定の路線のようである。実際、二〇一二年九月一九日に新たな原子力規制行政機関として設置された原子力規制委員会は、二〇一三年六月一九日に原子力発電所の設置許可等に関する「新規制基準」を委員会規則として定めた。原子力規制委員会には二〇一六年一〇月までに全国の一六原発二六基が新規制基準への適合性審査を申請した。このうち九州電力川内原発一・二号機、関西電力大飯原発三・四号機、同高浜原発三・四号機、四国電力伊方原発三号機が審査に合格している。そして、川内原発一・二号機は二〇一五年八月、一〇月に再稼働した。高浜原発三・四号機は大津地方裁判所の仮処分決定をうけて停止していたが、大阪高裁は二〇一七年三月二八日にこの決定を取消した。この結果、三号機は二〇一七年六月六日、四号機は同年五月一七日に再稼働した。伊方原発三号機は一六年八月一二日に再稼働した。

さらに、原子炉等規制法が「例外中の例外」とした老朽原発の運転延長にかかる審査の申請

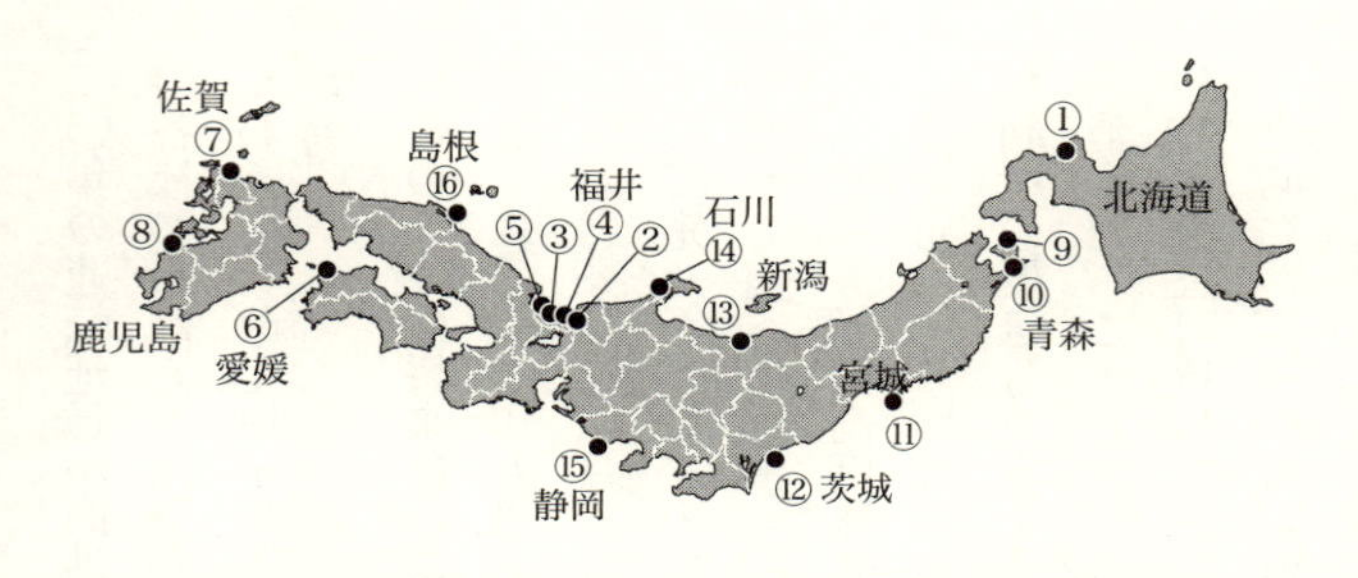

加圧水型	
北海道電力 　①泊１・２・３	審査中
日本原電 　②敦賀２	審査中
関西電力 　③大飯３・４ 　④美浜３ 　⑤高浜１・２ 　　　　３・４	審査適合 審査適合 審査適合 稼働中
四国電力 　⑥伊方３	稼働中
九州電力 　⑦玄海３・４ 　⑧川内１・２	審査適合 稼働中

沸騰水型	
電源開発 　⑨大間(建設中)	審査中
東北電力 　⑩東通１ 　⑪女川２	審査中 審査中
日本原電 　⑫東海第二	審査中
東京電力 　⑬柏崎刈羽６・７	審査適合
北陸電力 　⑭志賀２	審査中
中部電力 　⑮浜岡３・４	審査中
中国電力 　⑯島根２	審査中

出典：「東京新聞」2017年9月7日をもとに作成．
数字は号機を指す

図序-1　原発の審査・稼働状況

も続いている。関西電力は寿命四〇年を迎えた老朽原発である高浜原発一・二号機、美浜原発三号機の運転延長審査を原子力規制委員会に申請した。委員会は二〇一六年六月二〇日に高浜原発一・二号機について今後二〇年間の運転延長を認めた。美浜原発三号機についても、同年一一月一六日に最長六〇年の運転を認めた。

その他にも、九州電力玄海原発三・四号機、北海道電力泊原発三号機が原子力規制委員会による新規制基準への適合性審査の終盤を迎えているとされる。また東電柏崎刈羽原発六・七号機について規制委員会は、二〇一七年一〇月四日に新規制基準に適合と決定した。

川内原発の所在する鹿児島県知事選挙(一六年七月)、柏崎刈羽原発の所在する新潟県知事選挙(一六年一〇月)では、いずれも原発再稼働に慎重な知事がうまれた。鹿児島県知事選挙は川内原発の再稼働後であったが、再稼働に同意した前知事ならびに薩摩川内市長への根強い不信感の存在を物語る。新潟県知事選挙では事故原因の究明を脇においた原発再稼働を一貫して批判してきた前知事の姿勢を継承するとした現知事が、自民・公明党に推薦された原発推進派候補に圧勝した。柏崎刈羽原発は、原子力規制委員会が再稼働を認めても、県知事の同意をえるのは難しいだろう。

原発への不信感は立地自治体はもとより多くの人びとの心に刻まれている。原発の稼働についての世論調査では、メディア各社に若干の違いはあるが、ほぼ五〇%台後半から六〇%余が慎重派だ。

とはいえ、安倍政権にとって三・一一は、「存在」しなかったかのようだ。政権は二〇一七年三月末をもって帰還困難区域を除いて避難指示区域の指定をつぎつぎと解除し、住民たちに放射線量が年間二〇ミリシーベルトを下回ったから「安心して生活できる」として帰還を促している。また政府と福島県は、避難指示区域外から避難した人びと（いわゆる「自主避難者」）にたいする住宅の無償提供を、一七年三月末で打ち切った。事故から六年余の現在、再び原子力発電を「廉価でクリーンなエネルギー」と呼ぶ「陳腐」な、そして「悪い冗談」としかいいようのない掛け声が、官邸とその周辺から発せられている。だが、こうしたモラルを欠いた政権の行動は、外見的には独立かつ中立にみえる「装置」にささえられている。この「装置」とは、本書で考察する原子力規制委員会に他ならない。

原子力規制委員会の重い責任

東電福島第一原発のシビアアクシデントから一年六カ月後の二〇一二年九月一九日、新たな原子力規制行政機関として原子力規制委員会と、その事務局である原子力規制庁が発足した。

事故直後から、日本の原子力行政はアクセルとブレーキの分離が不明確であり、それが重大事故を引き起こした要因のひとつとされ、原発の安全規制には内閣から独立性の高い行政機関が必要という声に応えるものだった。

三・一一当時、発電用原子炉についての第一次安全規制権限は、経済産業省の原子力安全・保安院に担われていた。原子力安全・保安院は原子炉の設置許可の審査ばかりか、核燃料の精製・加工・中間貯蔵、廃棄物審査などの権限を担った。一方で、内閣府には第一次の原子力安全規制機関をチェックするとして原子力安全委員会が存在した。だが、原子力安全・保安院は経済産業省の一部局であり、原子力安全委員会は内閣府の付属機関であったため、その組織的自立性は低い。

こうして、原子力安全規制のダブルチェック体制とは名ばかりであり、原発推進のアクセルと安全規制のブレーキは未分化といってよい状況にあったのである。

こうした組織体制を「改革」するとして、二〇一二年九月一九日、従来の原子力安全・保安院と原子力安全委員会を廃止して、原子力規制委員会が発足した。同委員会は環境省の外局であって国家行政組織法第三条にもとづく行政委員会(「三条機関」ないし「三条委員会」)とされた。委員は五名であって衆参両院の同意をえて首相が任命する。

原子力安全委員会の法的性格は、国家行政組織法第八条にいう「審議会等」である。これは通常「八条機関」といわれることが多い。これにたいして「三条機関」は、一般に内閣からの独立性が高いとされている。実態としてどうかには多くの検討を要するが、原子力規制委員会の設置時には、疑問視する向きよりは原子力規制行政の一定の「前進」とする評価の方が高かった。

原子力規制委員会は発足から九カ月後の二〇一三年六月一九日に、原発等の設置許可に関する「新規制基準」(「設置許可基準規則」)を委員会規則として決定した。これをもとに規制委員会は停止している原発が再稼働に堪えうるものか、また老朽化した原発の寿命延長が可能かについて審査を進めている。また原発事故の避難指針の改定などをおこなってきた。

だが、原子力規制委員会ならびに原子力規制庁には、委員長・委員および幹部職員の「原子力ムラ」との繋がり、新規制基準の「緩さ」、再稼働審査の「拙速さ」などにきびしい批判が、一部の科学者や脱・反原発市民運動から提起されている。一方において、電力業界や原発推進派の政治家、学者、マスコミなどからは、事業者の言い分を聞かない「暴走する委員会」といった真逆の批判がくわえられている。

フクシマの重大事故を契機としてうまれた原子力規制委員会は、原発の安全規制のみならず廃炉や使用済核燃料の処分などに、いかなる対応をしていこうとするのか。原子力安全規制は政治の動静に左右されるとはいえ、専門知に裏づけられた行政委員会として果たすべき自律的責任は重いといわねばならない。いい方を換えれば、政権や経済界の猛烈なプレッシャーをまえに、いかに専門知を真摯に追究しうるかが問われているのだ。その「使命」に原子力規制委員会は応えようとしているのだろうか。

いまや原子力規制行政の中核機関となった原子力規制委員会の考察をつうじて原子力規制システムのあり方を考えてみたい。

本書の構成

こうした観点から本書はつぎのように構成される。

第Ⅰ章では、一九五五年の原子力三法の制定から三・一一にいたる原子力行政の変遷を考察し、その問題点を指摘する。そして原子力規制委員会の設置過程にはらまれている問題点を考えることにする。

第Ⅱ章では、原子力規制委員会の組織構造をとりあげる。ここでは原子力規制委員会の人事、そして事務局とされる原子力規制庁と旧来の原子力規制行政機関との連続性と不連続性を考察する。

原子力規制委員会には行政委員会であることをもって多くの期待が寄せられた。第Ⅲ章では、現代日本の政治と行政において行政委員会制度はいかなる位置にあるかをみる。それを踏まえて、原子力規制委員会の「独立性」「中立性」とは、本来どのようにとらえることができるかを論じることにする。

第Ⅳ章では、原子力規制委員会の活動を検証する。「世界一厳しい」とされる新規制基準の内容と問題点、再稼働審査における地震動への評価、既存原発へのバックフィット義務化（新規制基準への適合措置を事業者に義務づけること）の実際、老朽原発への対応、住民避難計画の指針と実際などを通して、原子力規制委員会が専門知を踏まえ原発の安全性を厳格に審査するという「使命」に応えているのかを考察する。

第Ⅴ章では、原発再稼働についての司法判断について考察する。司法は三・一一まで、ごく一部の判決を除いて原発の推進に異論を提示しなかった。司法の判断は原子力規制行政のゆくえを左右しかねないし、「新・安全神話」を生み出す可能性もある。司法は新規制基準にもとづく原子力規制委員会の判断をどのように評価しているのか。三・一一後の原発訴訟における判決や仮処分決定についてみる。

終章では、原子力規制システムはどうあるべきかを素描することにしよう。ここでは「独立性」と「中立性」を備えた原子力規制機関のあり方をデッサンするとともに、三権分立体制を基本としたダブルチェック体制について論じることにする。

第Ⅰ章　原子力規制委員会はいかに作られたのか

1　三・一一前までの原子力規制システム

危機下で機能しない規制機関

二〇一一年三月一一日の巨大地震の発生直後、大津波による三陸沿岸の惨状はテレビ中継され、多くの人びとを震撼させた。だが同時に、福島の東京電力第一・第二原子力発電所、東北電力女川原子力発電所の「崩壊」の恐怖に思いを馳せた人びとも多かったはずだ。実際、わずか三年八カ月まえに起きた東電柏崎刈羽原子力発電所の「重大事故」の映像は、人びとの脳裏に生々しく刻まれていた。

二〇〇七年七月一六日一〇時一三分ごろ発生した新潟県中越沖地震によって、東電柏崎刈羽原発では二・三・四・七号機が自動停止した。続けて三号機では外部電源を取り込む変圧器で絶縁油がもれ火災が発生した。しかも、消火体制がまったく不備であり火は二時間にわたって燃え続けた。その後の東電の発表によれば、この地震の揺れは設計用限界地震(実際には起こらないが念のため想定する地震動)として想定した値を超えていた。もっとも激しかったのは一号機で二・五倍に達していた。この地震による損傷は、けっして「軽微」などではなかったのだ。だが、この柏崎刈羽原発事故をはるかに上回るシビアアクシデントが、ほどなく現実のものとなった。

巨大地震の発生時に東電福島第一原発では一〜三号機が運転中、四〜六号機は定期点検中であった。四号機は全燃料を引き抜き、建屋上階の使用済核燃料プールに取り出していた。福島第一原発を第一波の津波が襲ったのは一五時二七分(水位四メートル)。つづいて一五時三五分に高さ一〇メートルの防潮堤を超える津波が襲来した。主要な建屋敷地のみか建屋内にも浸水した。その結果、安全を確保する設備のほとんどが冠水した。そして、一五時三七分から四二分にかけて一〜五号機では全交流電源が喪失し、一・二・四号機では直流電源も喪失した。四号機から取り出した核燃料もふくめて原子炉の冷却ができない危機的状況が生じた。これ以降、消防、自衛隊によるヘリコプターからの散水、放水などが展開されるとともに、原子炉の圧力を下げるためのベントなどが試行錯誤されていく。この間の状況は、テレビ中継されるとともに、事故調査に関する各種の報告書で全容ではないにしても、いまや明らかにされている。

政権や原子力規制機関そして東電は、三月一一日に福島第一原発の一号機から三号機がメルトダウンの危機に陥ることを予測し騒然としていたのだが、メルトダウンの事実を隠しつづけた。政権そして原子力安全委員会、原子力安全・保安院そして東電が外部にむけて慌てふためたきだすのは、三月一二日からつぎつぎと起きた原子炉建屋の水素ガス爆発であった。しかもそれは原子炉の冷却ができず核燃料のメルトダウンが切迫した段階で起きた。たまたま定期点検中で四号機は停止していたが、使用済核燃料にくわえて原子炉から引き抜いた核燃料を建屋の燃料プールに貯蔵しており、こちらも崩壊や放射性物質の放出の危機にあった。

こうした危機的状況をまえにして菅直人首相は、三月一二日早朝、東電本社に乗り込み、福島第一原発からの職員の撤退を許さないと厳命したばかりか、ヘリコプターで崩壊する原発を視察する行動を繰り広げた。しかし、建屋の水素ガス爆発が象徴する事態の深刻化にもかかわらず、政権は組織をあげた対応を欠いた。首相は「家庭教師」と揶揄された知己を内閣参与に任命しアドバイスをえようとしたが、参与の合同協議すらおこなわれなかった。原子力安全委員会委員長である斑目春樹は、委員会設置時の目的である「安全規制」の専門機関とは裏腹に、東電ならびに政権に適切な指示をだせなかった。こんな重大事態のなかを原子力安全・保安院なる大きなネームの入ったジャンパーを着た職員が、経産省と東電本社を陰鬱な表情を募らせて頻繁に往来していたが、彼らにたいする市民の眼は冷ややかだった。

一九五六年以来、日本は原子力開発のために開発・事業規制の行政機関を設置してきた。だが、それらはこの重大危機をまえにして機能しなかった。それらの組織構造こそが問われなくてはなるまい。

原子力行政組織のスタート

一九五五年一二月、原子力基本法ならびに原子力委員会設置法、総理府設置法の一部改正法(原子力局の設置)のいわゆる「原子力三法」が成立をみた。これを機として戦後日本は原子力開発に邁進していく。当初、原子力開発の旗手となったのは、国家主義的政治家・中曽根康弘と警察官僚出身の政治家・正力松太郎だった。彼らは一九五三年一二月にアイゼンハワー・米大統領がおこなった国連演説「平和のための原子力」(Atoms for Peace)を拠りどころとして、日本もまた原子力開発に向けた体制を整えるように活動していった。実際、中曽根らは「原子力三法」に先立って五四年度予算に「原子力予算」を追加計上するよう政権にもとめた。五四年三月、総額二億五〇〇〇万円、原子炉の基礎研究助成金二億三五〇〇万円とウラン調査費一五〇〇万円から構成された「原子力予算」が成立した。

アイゼンハワーの国連演説は、たしかに核の「平和利用」を謳っていたが、その実「商業利用」を狙うことによって、ソ連、イギリスなどの原発開発に対抗するとともに、核開発技術、もっといえば核兵器開発技術を一定の範囲に閉じ込め、核大国としての地位を維持することに狙いがあった。実際、日本の原発開発のベースとなる日米原子力協定は、一九五四年にアメリカ連邦議会が議決した改正原子力法にもとづく二国間協定であり、日本に軍事利用などの技術転用・開発、さらに第三国への移転などにきびしい枠をはめるものである。いわば、原発プラントの輸出はするが、核技術開発はきびしく管理するものだった。

とはいえ、原子力開発への着手を主導する中曽根らの主眼が、真に「平和利用」「商業利用」にあったかどうかは、多分に疑わしい。中曽根にも増して国家主義者である岸信介は、はやくも一九五九年に「専守防衛のためならば核兵器の保有も憲法違反ではない」と発言している。こうした発言は、その後現在にいたるまで、ときに保守政治家から語られている。

ともあれ、原子力の平和利用、商業利用を名分とした原子力開発は、一九五六年から国策としての体制を整える。一九五六年一月に総理府原子力局が設置されるとともに、国家行政組織法第八条にいう「審議会等」として原子力委員会が総理府に設けられた。「審議会等」とは、大臣等の諮問機関を指す言葉で、詳細は第Ⅲ章でみる。委員長は「審議会等」に通常ありえない国務大臣とされ、正力松太郎が就任した(原子力委員長に国務大臣が充てられる体制は二〇〇一年一月の行政改革までつづいた)。さらに五六年五月に総理府の外局として国務大臣を長とする科学技術庁が設置された(長官・正力松太郎、総理府原子力局を移管)。こうした中央行政機構の設置とならんで、同年六月には特殊法人日本原子力研究所の設立、八月の原子力燃料公社(六七年一〇月に動力炉・核燃料開発事業団＝動燃へ改組、その後核燃料サイクル開発機構、さらに二〇〇五年一〇月、日本原子力研究所と合併して日本原子力研究開発機構)の設立とつづく。さらに五七年六月には原子炉等規制法が公布され、原子炉等の設置許可処分が定められた。こうして五〇年代末に原子力開発の組織・法制度が整う。

茨城県東海村の日本原子力研究所動力試験炉が臨界に達したのは一九六三年であった。六五年には国策会社である日本原子力発電株式会社の東海ガス冷却炉が臨界に達した。一方、民間電力事業者である東京電力、関西電力などが七〇年代に入るとつぎつぎに原子力発電所を設置していく。七〇年度末に四基、設備容量一三二万キロワットだった原発は、八〇年度末に二二基、一五五一万キロワットへと急成長した。

審査能力を欠く原子力委員会と科学技術庁

ところで、原子力開発行政体制を構成する行政機関は、のちに一九七八年に原子力委員会にくわえて原子力安全委員会が設置されるまで、概ねつぎのような役割(権限)を担った。①総理府の外局である科学技術庁は、原子炉等規制法にもとづき原子炉の設置許可にかかる審査と設置許可処分を担った(法的な設置許可処分権限者は首相)。②原子力委員会は開発計画の策定、安全基準・指針策定を担った。③のちに原発行政の中心主体となる電気事業法の所管省である通商産業省は、電気事業法にもとづく設備の詳細設計についての許可や定期検査を担当した。

①の科学技術庁(原子力局)は、一般的にいえば設置許可申請をうけた審査において安全性への審査を避けられないはずである。また②の原子力委員会も任務の一つとして安全基準・指針の策定があり、原発の安全性に関して審査する権限がある。実際、原子力委員会は傘下に安全審査の審議会を設けていた。だが、実際には安全審査はつぎのような理由で十分になされなかったのである。

原子力発電所の多くは、民間電力事業者によって設置された。初期の原子炉はゼネラルモーターズ(GE)製、ウエスチングハウス(WH)製などのアメリカからの輸入である。さきに触れた日米原子力協定は、一九五五年に研究協定の調印がなされ、両者の協力による原子炉設置の新協定が一九五八年、一九六八年、一九八八年に締結されている。現行協定の有効期間は二〇一八年までである。この協定自体「片務」的だが、日本の重電メーカーは、東芝と日立が沸騰水型原子炉メーカーであるGEと、三菱重工は加圧水型原子炉メーカーのWHと技術援助協定を結び、いわばアメリカの企業の下請けとして原子炉ならびに関連機材の技術をえていった。

初期の原発開発はアメリカに従属していたのであり、原子力委員会ならびに科学技術庁原子力局の原子炉設置許可処分をはじめとした安全審査が厳格に実施されたとはいえない。端的にいえば、すべてアメリカ任せであった。原子炉の核心部分についてブラックボックスとされていたところも多く、日本側の原子力行政機関は、独自の審査を実施する条件も能力も欠いていたといってよい。

原子力行政体制の見直し――原子力行政懇談会「最終意見書」

一九七四年九月一日、洋上で原子炉稼働実験をしていた原子力船「むつ」は、放射線漏れ事故を起こす。「むつ」は帰港がかなわず「漂流」する。原発の設置については、すでに六〇年代末より各地で反対運動が展開されていたが、原子力船「むつ」の事故は一挙に原子力開発一辺倒の政府への不信感を高めた。

政府は三木武夫首相の私的諮問機関として原子力行政懇談会を七五年二月に設置し、原子力行政の見直しをすすめる。懇談会の委員は座長の有沢廣巳（東京大学名誉教授）、石原周夫（日本開発銀行総裁）、圓城寺次郎（日本経済新聞社長）、林修三（元内閣法制局長官）、伏見康治（名古屋大学名誉教授）をはじめ、労働組合代表、原子力学者、福島県知事など一三名であった。

懇談会は七五年一二月に「中間報告」をまとめ、さらに七六年七月三〇日に最終意見書である「原子力行政体制の改革、強化に関する意見」を三木首相に提出した。

第一次オイルショックによる「狂乱」が冷めやらないときだけに、「最終意見書」は、つぎのように基幹エネルギーとしての原発の重要性を説いた。「エネルギー問題はわが国の命運にかかわる重大問題であって、国は責任をもって明確なるエネルギー計画を策定し、その推進を図るべきであり、特に原子力については、その計画の中において位置づけを明確にしてその必要性を国民に訴え、国民的合意の下に推進することが必要である」と。そのうえで、原発への不信感は原子力行政が安全規制面に比して開発面にウエイトをかけすぎだ、という社会の認識に根差している。この国民の不信感を払拭し原子力開発を押しすすめるために、原子力委員会を新たな原子力委員会と原子力安全委員会の二つに分割し、それぞれ独立して企画・審議・決定・答申・勧告などをおこなわせることが適当であるとした。

「最終意見書」は、二つの委員会の役割をつぎのように分けている。原子力委員会は、①平和利用の担保、②原子力基本政策の策定、③原子力安全委員会との相互的調整（計画・予算）、④その他原子力安全委員会の所掌以外の原子力開発の重要事項、を担うとした。一方、新設すべき原子力安全委員会は、①安全規制に関する政策（安全研究の計画を含む）、②安全規制基準およびガイドライン等の策定(放射線審議会の所掌範囲は従来どおりとする)、③安全規制のダブルチェック、④その他原子力安全規制に関する重要事項、を担うとされた。つまり、原発開発計画と安全規制をそれぞれ別個の機関に担わせることを提起したのである。

そして両委員会の事務局は、原子力委員会については従来の経験をもとに円滑な運営に寄与すると思えるので科学技術庁原子力局におく。原子力安全委員会については独立の事務局を設けるのが望ましいが、その体制整備に時間を要するから当面科学技術庁原子力安全局(七六年一月設置)におくとされた。なお、原子力安全委員会の委員長は、「専門的な知識を必要とし長期に在職し行政庁と一線を画す姿勢を明示することが望ましい」から、学識経験者とするのが適当だとされた。一方の原子力委員会委員長は、従来、設置法にもとづき国務大臣をあてるとされてきたが、これについては懇談会の意見が割れたため明確な方向をしめしていない。

「最終意見書」はこうした原子力委員会と原子力安全委員会の二元体制を提起しただけではない。その後の原子炉等の設置許可、安全審査体制にとってきわめて重要な意見を述べた。「原子力安全行政に関する批判の多くが、基本的な安全審査から運転管理に至る一連の規制行政に一貫性が欠けている」ことに向けられているとして、今後は実用段階に達した発電用の原子炉等に関するものは通産省、実用船舶用原子炉については運輸省、試験研究用原子炉と開発段階にある原子炉については科学技術庁が、設置から安全規制までの規制権限(設置許可処分等)を一貫して担当することが妥当だとした。

のちにまた詳しく論じるが、有沢座長らは、「追付き型近代化」のなかで通産省が果たしていた「規制」の名による業界の「保護・育成」を、どのように認識していたのだろうか。報告書では、総理府の審議会等として原発の安全審査を任務とする原子力安全委員会の設置を謳った。だが、一方で原子炉等についての規制権限の所管庁を整序するとして、発電用原子炉等の規制権限を通産省に担当させるべきだとした。戦後日本の産業行政は分野ごとに業法を制定し業への参入規制をおこなう一方で、囲い込んだ企業を「保護・育成」するものだった。業界への規制は主として行政指導としてなされたが、肝心の中身は所管庁と業界の「合作」に他ならない。通産省は電気事業法を基本として電力業界との一体性を保ちつつ日本のエネルギー政策を担ってきた。こうした通産省が、はたして電力事業者による原子炉等の設置や運転管理についてきびしく立ち向かうだろうか。

有沢座長は、当時の日本を代表する統計学者であり日本経済の専門家である。彼が産業行政における官民関係を知らないはずはない。一方で彼は一九五六年一月から七二年九月まで原子力委員会委員を務めている。その意味では彼は原子力エネルギー開発の推進派でもある。内閣のもとに「権威ある」原子力委員会と原子力安全委員会の二元体制をつくることによって、通産省の業界行政を抑制しうると考えたのかもしれない。しかし、原子力行政懇談会の「最終意見書」は、その後の原子力行政に禍根を残すものだったといってよい。

原子力安全委員会の発足――初期からのダブルチェックの綻び

政府は原子力行政懇談会の「最終意見書」に沿うかたちで、一九七七年三月に原子力安全委員会の設置などを内容とする原子力委員会設置法、原子力施設の安全規制権限の所管などを内容とする原子炉等規制法をはじめとした改正法案を国会に提出した。そして法案は七八年四月に衆院を、六月に参院を通過し七月に公布された。この結果、七八年一〇月に原子力委員会が改組され、原子力安全委員会が発足した。

原子力安全委員会は衆参両院の同意をえて首相が任命する五名の委員からなり、委員長は設置法上委員の互選とされた。初代委員長には吹田徳雄・大阪大学名誉教授が就任した。原子力安全委員会は原子炉の安全性に関する「ダブルチェック」をおこなうとされた。事務局は科学技術庁原子力安全局が担うこととなった。

しかし、発足から約半年後の一九七九年三月二八日午前四時、アメリカ・スリーマイル島原発(加圧水型軽水炉)の重大事故が発生する。二〇トンもの核燃料が圧力容器の底に融け落ちたとされている。この事故の一カ月前の七九年二月二四日に関西電力は、定期検査中の加圧水型軽水炉である美浜原発三号機で制御棒案内管のボルトにひび割れが見つかったと発表した。実は前年の九月に起きた事故を隠していたのだ。そればかりか、美浜原発一号機については、七三年三月にこの段階で史上最悪の事故といわれた燃料棒の損傷事故が発生している。この事故もまた七六年一二月になって隠し切れなくなった関西電力によって渋々公表された。科学技術庁と通産省は事故の原因究明などの処理が終わるまで運転再開を延期すべきと指示したとされているのだが、関西電力はそれを無視して、原子力安全委員会の発足直後の七八年一〇月五日に運転を再開した。

美浜原発三号機の事故の公表をうけてつぎつぎと定期検査の予定を早めた加圧水型原子炉は、いずれにおいても損傷が発見された。こうしたなかで同型のスリーマイル島原発の事故が起きた。その前日の七九年三月二七日、加圧水型原子炉である関西電力大飯原発一号機が運転を開始した。当然、原発に疑問をいだく全国の原発地元住民や研究者は、沸騰水型をふくめてすべての原発の運転・建設・計画の全面的凍結、評価のやり直しをもとめた。原子力安全委員会は四月一四日に大飯原発一号機の運転停止と安全解析を関西電力に指示した。解析結果は四月二四日に関西電力によって発表され、原子力安全委員会はそれを承認するかたちで五月一九日に運転再開にゴーサインをだした。大飯原発一号機は六月一三日に多くの批判を浴びながらも再稼働した。

原子炉の「安全審査」のダブルチェックを掲げてスタートした原子力安全委員会にとって、設置からわずか五カ月後に発生したスリーマイル島原発事故は、ダブルチェックの真価を問う試金石だったといってよい。だが、大飯原発一号機の運転停止—再稼働は、関電による解析結果に注文をつけるものではなかった。大飯原発一号機を運転停止させたままにしておくならば、つぎつぎと事故や損傷の発見のつづく他の加圧水型原子炉のすべてに波及し、ようやく軌道に乗りつつあった原発開発に支障がでるというのが、その理由であったとされる。それゆえ原子力安全委員会は、当時、計画および設置されていた原発のすべてにチェックリストをしめし、安全性の再評価をもとめることもなかった。

原子力安全委員会の創設は、それまでの原子力開発に欠けていたダブルチェック体制を導入し、原発開発の推進に歯止めをかけうる組織の再編ではあった。だが、さきにもふれているように通産省や科学技術庁などに原子炉の設置から安全規制の第一次審査をゆだねる体制のもとでは、総理府の審議会等にすぎない原子力安全委員会にダブルチックさせる行政体制に限界があるといわざるをえないだろう。委員会の事務局とされたのは科学技術庁原子力安全局だが、のちに述べるように組織的自立性はきわめて弱体であったから尚更である。

相次ぐ重大事故と原子力安全委員会

一九七八年一〇月にスタートした新たな原子力行政体制は、その後もその存在証明を疑われる事態に直面する。一九八六年四月二六日、ウクライナ(旧ソ連)のチェルノブイリ原発四号機で、未曽有の過酷事故が発生する。二〇〇〇キロメートル以上離れた日本にも放射性物質が飛散し食品などを汚染した。今日なお事故原因は完全に究明されているとはいえないが、事故の惨状が伝わるにつれて脱・反原発の市民運動が各地で激しさを増した。

原子力安全委員会は、八六年四月三〇日に委員長談話を発表した。そこでは第一に「事故発生地点が日本からかなり距離を隔てていることなどから、当該発電所から環境に放出された放射性物質による我が国の国民の健康に対する影響はないものと考える」とした。そして第二に「今回故障が発生したチェルノブイリ原子力発電所の炉型は、ソ連独自で開発した黒鉛減速軽水冷却型炉で、我が国に設置されている原子炉とは構造等が異なる」ものだが、この事故の情報収集に努め日本の安全規制に反映させるべき事項の有無を検討する。そのために原子力安全委員会内にチェルノブイリ原子力発電所調査特別委員会を発足させる、とした。緊迫感を感じさせない談話といえよう。この後半の「チェルノブイリとは原子炉の構造が異なる」という言い回しは、その後の原発訴訟(設置許可処分の取消、運転差止の請求)において国側代理人(訟務検事)や電力会社によって頻繁に主張された。

増設されていく原発や核関連施設の事故は、表Ⅰ－1のように絶え間なく生じるが、なかでも衝撃的だったのは一九九五年一二月八日の高速増殖炉「もんじゅ」の事故だったといってよい。約六〇〇〇億円を投じて建設された「もんじゅ」は、九一年五月から各種機器の機能試験や性能試験などをへて九五年八月に一時間の初発電をおこなった。一二月八日、原子炉緊急停止試験にむけて出力を四三％に上げたときに、二次系ナトリウムの高温側の配管が格納容器を出たところでナトリウム漏れがあり、約七〇〇キログラムのナトリウムが噴出して空気中の水分および酸素と激しく反応し炎上した。事故原因は配管内に取り付けられている温度計の根元がナトリウムの流れと共振してぽっきり折れる、きわめて基本的な設計ミスだった。市民科学者の高木仁三郎は「閉鎖的に独善的に進められてきた「もんじゅ」の建設・安全チェック体制、ひいては日本のプルトニウム政策の致命的欠陥をはっきりと読みとれ、それは起こるべくして起こった事故であった」とした。動燃や科学技術庁は徹底した情報公開をおこない事故原因を

表 I-1　3・11 以前の日本の主たる原発事故

1978. 11. 2	福島第一 3 号機	制御棒 5 本脱落，臨界が 7.5 時間継続．運転日誌を改竄し 2007 年まで隠蔽
1979. 11. 4	福島第一 2 号機	高圧復水ポンプ停止，水位低下のため原子炉を手動停止
1981. 5. 12	福島第一 2 号機	計装用電源喪失で ECCS が作動，停止
1981. 7. 6	福島第一 6 号機	ディーゼル発電機海水冷却配管より海水漏れ．原子炉安全保護系の電源喪失
1982. 10. 25	福島第一 6 号機	床排水量が急増し運転停止．再循環系圧力計の接続パイプに亀裂
1984. 10. 21	福島第一 2 号機	一時的に臨界，原子炉が自動停止．運転日誌等を改竄，2007 年まで隠蔽
1987. 9. 17	福島第一 5 号機	定検中に残留熱除去系配管の内面に応力腐食割れを発見
1989. 1. 6	福島第二 3 号機	原子炉再循環ポンプが大損壊，翌日手動停止(レベル 2)
1990. 9. 9	福島第一 3 号機	主蒸気隔離弁の閉鎖事故，原子炉圧力上昇(レベル 2)
1990. 10. 17	福島第一 1 号機	タービン軸の振動激化のため手動停止
1991. 2. 9	美浜 2 号機	蒸気発生器細管がギロチン破断，ECCS 作動による緊急停止(レベル 2)
1991. 4. 4	浜岡 3 号機	給水ポンプが停止，原子炉水位が下がって緊急停止(レベル 2)
1992. 9. 29	福島第一 2 号機	ポンプの駆動用モーターが焼き切れ，全給水停止．ECCS 作動
1994. 6. 29	福島第一 2 号機	定検中にシュラウド全周にわたり 7 カ所のひびを発見
1995. 11. 25	福島第一 6 号機	原子炉給水系の水抜き配管のドレン弁からの蒸気漏れで手動停止
1995. 12. 8	動燃もんじゅ	ナトリウム漏洩・燃焼(レベル 1)
1997. 3. 11	動燃東海再処理施設	アスファルト固化施設火災，爆発(レベル 3)
1998. 2. 22	福島第一 4 号機	制御棒 34 本が脱落
1998. 7. 30	福島第一 6 号機	ドレン配管からの蒸気漏れで手動停止
1999. 6. 14	志賀 1 号機	制御棒 3 本が脱落，臨界が 15 分継続(レベル 2)．運転日誌等を改竄し，2007 年まで隠蔽
1999. 9. 30	東海村 JCO 核燃料加工施設	臨界事故(レベル 4)．作業員 2 名死亡
2000. 7. 23	福島第一 2 号機	配管ひび割れによるタービン制御油漏れで手動停止．ボルトの閉め忘れによる制御棒駆動水漏れを発見
2003. 8. 20	福島第一 4 号機	気水分離器の脚部すべてに曲がりを発見．29 日に 1・2 号機でも確認．5 月 26 日の三陸南地震が主因と推定
2003. 9. 24	福島第一 5 号機	蒸気漏れ，作業員が計画線量を超える 1.02 シーベルトの被曝
2004. 1. 28	福島第一 1 号機	冷却用の熱交換器細管 1 本に穴が開き，主排気筒で放射能を検出
2004. 8. 9	美浜 3 号機	二次冷却系配管破裂，蒸気噴出事故で 5 人死亡，6 人重火傷
2005. 12. 3	福島第一 4 号機	復水器の真空度が低下．6 日にも再度出力低下．調査中に高圧復水ポンプ配管からの水漏れも見つかり 12 日間運転停止
2006. 8. 17	福島第一 5 号機	放射能汚染水漏れ．24 日にも
2007. 7. 16	柏崎刈羽	新潟県中越沖地震で様々なトラブル発生．油冷式変圧器故障，使用済燃料棒プール水一部流失，6 号機で制御棒 1 本が外れる等
2009. 2. 25	福島第一 1 号機	タービンバイパス駆動部のボルトが損傷，主蒸気逃がし弁が作動，原子炉手動停止
2010. 6. 2	福島第一 2 号機	電源切替え不能，緊急自動停止，水位 2 メートル低下

出典：『法と民主主義』2011 年 6 月号をもとに作成

究明するとしたが、その直後に動燃が撮影したビデオから事故の核心部分が削除されていたことが判明する。

いうまでもなく、動燃にくわえて「もんじゅ」の設置許可・安全審査の当事者である科学技術庁の責任は大きい。だが、この「もんじゅ」の重大事故においても、ダブルチェックするべき原子力安全委員会は、安全審査に関してなんら機能しなかったのである。

さらに「もんじゅ」事故から一年三カ月後の九七年三月一一日、動燃の東海再処理工場アスファルト固化処理施設の火災・爆発事故が発生した。火災の発生からはじまり放射性物質の放出、最後に大音響とともに施設の爆発が起きた。この事故を機に科学技術庁は動力炉・核燃料開発事業団改革検討委員会を設置し、その最終報告をもとに九八年一〇月に動燃は核燃料サイクル開発機構に衣替えした。だが、動燃の責任はいうにおよばず施設の設置承認をだした科学技術庁、さらに「ダブルチェック」を果たしえなかった原子力安全委員会の責任は重いといわざるをえないだろう。

三木政権下の原子力行政懇談会は、国民の原子力エネルギー開発への信頼をえるためにとして原子力安全委員会の設置を提起し実現をみた。しかし、同じ原子力行政懇談会の「最終意見書」にもとづき科学技術庁は、試験研究用原子炉と開発段階の原子炉の設置許可権限をもった。

「もんじゅ」や東海再処理工場は科学技術庁の所管である。その一方で、科学技術庁原子力局は原発の推進政策を立案する原子力委員会の事務局を担う。しかも、「ダブルチェック」をかかげる原子力安全委員会の事務局は同庁原子力安全局におかれた。いうまでもなく、原子力局と原子力安全局は人事に独立性はなく相互に人事異動する。こうした組織体制は「ダブルチェック」に大きな制約を課す。この組織体制が「ダブルチェック」を形だけに終わらせるために意図的に設計されたのでないならば、「机上の空論」という以外にないだろう。

ところが、またもや同一省内、今度は経済産業省に、原子力開発・推進の組織と安全規制のための組織を併存させる「改革」が、二〇〇一年の行政改革によって実施された。そこには原子力委員会と原子力安全委員会の事務局を、ともに科学技術庁の部局が担ったことへの総括が欠如していたといわざるをえない。

二〇〇一年行政改革と原子力安全・保安院の発足

二〇〇一年の行政改革は、原子力行政体制を大きく変えた。原子力委員会と原子力安全委員会は、ともに科学技術庁のもとを離れ、新設された内閣府の「審議会等」とされた。原子力委員会の委員長は国務大臣とされなかったが、内閣府内には原子力開発の推進組織と安全規制組織が併存することになった。

くわえて、二〇〇一年行政改革による原子力行政体制の重要な変化は、経済産業省に原子力安全規制権限の大部分を集中させ、それらのミッションを効果的に遂行するためとして原子力安全・保安院を新設したことである。マスコミが大々的に報じたように二〇〇一年の行政改革は中央行政組織体制の大規模な再編成を図った。総務省、国土交通省、厚生労働省といったように省庁の合併が実現をみた。こうしたなかで通産省は、戦後復興・高度経済成長のすぎさるなかで存在証明を問われながらも、経済産業省と名称を変更しほぼ「無傷」で残った。それだけではない。資源小国のエネルギー安全保障の追求をあらためて省のミッションと位置づけた。そして、外局である資源エネルギー庁の内部再編を果たすとともに、同庁のもとに「特別の機関」(国家行政組織法第八条の三)として原子力安全・保安院を新設した。

この省庁再編にともなって科学技術庁は文部省に併合され文部科学省となった。文部科学省は試験研究炉の安全規制、放射線防止、環境モニタリングを担うとされたが、原子力開発の安全規制の大部分が経産省に集中することになった。すなわち、経産省は核燃料の製錬・加工、原子力発電所、発電用研究開発段階炉、使用済核燃料の中間貯蔵、再処理、廃棄物の埋設・管理に関する許認可権限をもつことになった。行政処分行為の最終決裁権者は経済産業大臣だが、これらの規制行政は原子力安全・保安院が担う。

原子力安全・保安院は、原子力エネルギーの推進部局である資源エネルギー庁の「特別の機関」とされた。「特別の機関」とは行政組織法上、省の外局に準じる組織とされる。したがって、原子力安全・保安院は経産省の外局である資源エネルギー庁よりは「格下」の組織である。だが、そのような行政組織法上の区分はともあれ、実際には職員(官僚制幹部)のあいだに身分的格差があるわけではない。

原子力安全・保安院は原発の安全規制のみではなく、通産省時代から引き継いだ高圧ガス、都市ガス、液化石油ガスなどの保安対策も担ったが、名称が象徴するように原発の安全規制が最大の任務だった。約八〇〇人の職員のうち原発安全規制に係る職員は三〇〇人であった。また全国二一カ所の原発や原子力施設に原子力保安検査官事務所をおき、原子力保安検査官や原子力防災専門官が一人から九人常駐した。だが、これらの職員は技術系のノンキャリア組であって、院長・副院長、幹部職員は経産省のキャリア組官僚だ。彼らは経産省本省、資源エネルギー庁などを異動していく。およそはじめから原発の安全規制について独立性の高い組織ではない。それでも橘川武郎・武田晴人『原子力安全・保安院政策史』が述べるように、院長はスタートにあたって「自主・独立」の精神でミッションを遂行するよう訓示しており、それなりに新組織には原発の安全規制について意気込みがあったともいえよう。

　とはいえ、原子力安全・保安院のスタートから一〇年後の東電福島第一原発のシビアアクシデントが雄弁に物語るように、推進側と「同棲」するような組織体制のもとで原発の安全規制というミッションの遂行が自覚的に追求されたとはいえないであろう。しかも、原子力安全・保安院は発足とともに、本体である資源エネルギー庁の不祥事の始末に追われるのである。

東電による原発損傷隠しと資源エネルギー庁、原子力安全・保安院

　資源エネルギー庁は二〇〇〇年七月三日に、東電による原発の損傷隠しについて元ＧＥ社員による内部告発文書をうけとった。だが、それが事実かどうか、まず東電に問い合わせた。東電は当然のようにそれを「否定」し、資源エネルギー庁も内部告発の事実を公表しなかったばかりか、真偽を調査しなかった。

　新設された原子力安全・保安院は一転、二〇〇二年八月二九日に、東電の提出した自主点検報告に不正があると発表した。福島第一・第二原発、柏崎刈羽原発の計一七基の炉心シュラウドのひび割れやジェットポンプの摩耗などが隠蔽されており、「悪質」「政令違反」といった事実を公表した。これをうけて東電は記者会見し内部告発された事実を認め、歴代社長の責任と

社長の辞任を発表した。資源エネルギー庁も内部告発のあったことを認めたが、内部告発から二年近い時間が過ぎており、資源エネルギー庁も「同罪」との世論の批判が高まった。

とはいえ、原子力安全・保安院も東電の不正の告発にとどまらなかった。筆者は原子力安全・保安院は「「白馬の王子さま」か、はたまた「犠牲者」なのか」と『論座』(朝日新聞社、二〇〇二年一一月号)で述べたが、資源エネルギー庁が内部告発の真偽を東電に問い合わせたのと同じように、原子力安全・保安院職員が内部通報者の氏名を東電につたえていた。ここには資源エネルギー庁、原子力安全・保安院と東電をはじめとする電力事業者との関係が端的に表れていよう。しかも、時間は下るが、二〇一一年のシビアアクシデント後においても、政府主催の原子力シンポジウムにおいて原子力安全・保安院や資源エネルギー庁職員が、電力会社に社員による「ヤラセ発言」を依頼していたことがつぎつぎと発覚した。

こうした電力会社との「密着」が根本からただされないなかで、電力会社や機材メーカーの出資でつくられた財団法人原子力発電技術機構を母体として、二〇〇三年に独立行政法人原子力安全基盤機構(JNES)が設立された。これは二〇〇二年の東電による損傷隠しを見抜けなかった「反省」に立って、原子力安全・保安院とは別個に原発の検査や安全性の評価をおこなう政府系組織として設けられた。だが、三・一一シビアアクシデントにいたるJNESと原子力安全・保安院との関係について、『福島原発事故独立検証委員会 調査・検証報告書』は、JNESと原子力安全・保安院の能力格差が大きく、前者がつくった基準を後者が安全規制に反映させることができなかったとしている。それもある意味で当然である。通産省は一九七八年に原子炉の設置許可処分権限が移って以降、電力会社に安全規制検査を「下請け」させていたのだから、資源エネルギー庁そして原子力安全・保安院に検査のノウハウや、それをもとにする安全規制の政策能力が蓄積されるはずもないのだ。

「シビアアクシデントは起こりえない」

一方の原子力安全規制組織である原子力安全委員会は、いかなる状態にあっただろうか。右の『福島原発事故独立検証委員会 調査・検証報告書』が詳細に描き出したように、原子力安全委員会は、多くの専門審議組織を設け安全審査などのあり方に検討をくわえた。そこには多数の専門家が動員されたのだが、それぞれの審議組織の人数が多かったことにくわえて、それらはミクロかつ部分的な安全規制にエネルギーを注入した。原子力安全委員会は、この分散的な審議組織の活動を統括し、一定の指針をだす能力を欠いていたのだ。しかも、これは原子力安全委員会のみの責任とはいえないが、原子力安全委員会はスリーマイル島原発事故、チエルノブイリ原発事故を経験しつつも、原発のシビアアクシデントが起こりうることを基本認識とした、回避の方策の検討、さらには万が一発生したときの重層的な対処方針の検討を試みることはなかった。

たとえば、原子力安全委員会は一九八一年に「発電用原子炉施設に関する耐震設計審査指針」（旧指針）を定め、設計用限界地震の規模をマグニチュード六・五とした。だが、一九九五年一月、阪神・淡路大震災が発生した。原子力安全委員会はこれを機として指針の見直しを図るとしたが、新耐震設計審査指針に「改訂」したのは、実に一一年後の二〇〇六年九月だった。新耐震設計審査指針は、①評価する断層の範囲を五万年前から一三万年前までひろげること、②複数断層を考慮すべきこと、③考慮する直下地震の規模をマグニチュード六・五から六・八程度に引き上げること、④旧指針の二種の基準地震動を一本化すること、を骨子としていた。

④が新耐震設計審査指針の核心であり、これは概ねつぎのとおりである。旧指針は耐震設計用の基準地震動は解放基盤表面（発電所敷地の地下の基盤面上に表層や構造物がないことを仮定したうえで、基盤面に著しい高低差がなく、ほぼ水平であって相当のひろがりのある表面）で評価するものとし、基準地震動S1と基準地震動S2を策定する。前者のS1とは設計用最強地震（設計にあたってベースとする過去最強の地震動）であり歴史地震と過去一万年間に活動

した活断層にもとづき評価するもので、後者のS2は設計用限界地震（実際には起こらないだろうが念のため想定する地震動）であり過去五万年間に活動した活断層を評価するものである。これにたいして新指針は、S1とS2を一本化（Ss）し、活断層の評価期間を五万年前から一二万〜一三万年前へ拡大し、鉛直方向（上下）の地震動、敷地ごとに震源を特定して策定する地震動、震源を特定しないで策定する地震動、さらには地震随伴事象（周辺斜面の崩壊、津波）などを明記するとした。要するに、旧指針と比べて、活断層の評価期間を拡大するなどして地震動の可能性と規模をより「正確」に推定しようとするものであった。

この新耐震設計審査指針は、原子力安全委員会の原子力安全基準・指針専門部会耐震指針検討分科会がおこなった改訂作業にもとづく。だが、脱・反原発市民運動や専門家からは、分科会の委員の過半数が電力会社の業界団体である日本電気協会の委員を兼務しており、電力会社の意向をうけて既存の原発が一基たりとも不適合にならぬように設計されたものと批判された。原子力安全・保安院は原発事業者に旧指針によって設置された原発を新指針に照らして再評価（耐震バックチェック）し報告するように指示した。原子力安全委員会も耐震バックチェックを事業者にもとめた。だが、国会事故調査委員会が詳細に検討し明らかにしたように、事業者の耐震バックチェックは、「中間報告」の水準にとどまり精緻さを欠いた。原子力安全委員会もそれを黙認した。こうして、三・一一は悲しいかな原子力規制機関への批判を「実証」したのだ。

何が問題であったのか

これまで一九五六年の原子力委員会の設置から七六年の原子力行政懇談会の「最終意見書」をもとにした、七八年の原子力委員会と原子力安全委員会への分割、さらに二〇〇一年行政改革による原子力安全・保安院の設置を概観してきた。またこの行政改革において原子力行政の規制権限がほぼ経産省に一元化されたことを述べた。

原子力安全委員会と原子炉設置等に権限をもつ規制行政庁(原子力安全・保安院や文部科学省など)との関係は、法的かつ組織的に図I－1のように描かれる。だが、二〇〇一年行政改革によって一段と顕著になったのは、原発の設置許可・安全規制の中心行政庁が「産業行政」の総本山というべき経産省であり、国策民営の原子力発電の安全規制を担うとされながらも、「規制」であるのか「保護」であるのか判然としない体制が構築されたことだ。しかも原子力安全・保安院の独立性は人事ひとつをとりあげても著しく低かった。一方の原子力安全委員会は内閣府の審議会等とされたが、内閣自体が原子力開発を国策と位置づけているのであり、

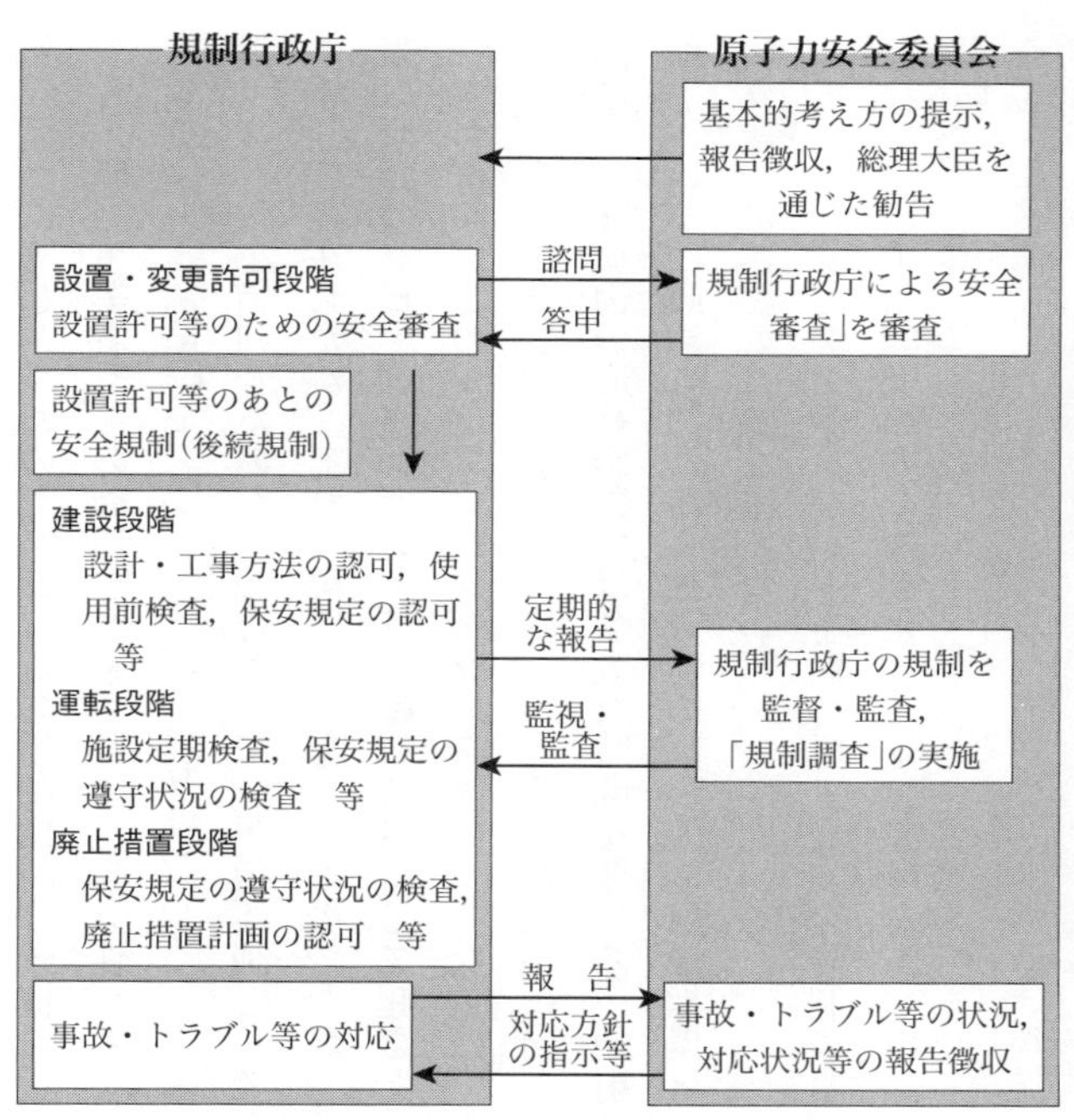

出典：『原子力安全白書　平成21年版』32頁

図I-1　原子力規制機関と原子力安全委員会の関係

「ダブルチェック機関」とされつつも、これまた政権からの「独立性」は高くない。委員は当然のことだが原発に異を唱える学者ではない。原子力安全・保安院そして原子力安全委員会は、その傘下に電力会社および業界団体の技術者や原発推進の研究者を多数抱え込んだのだ。

要するに、原子力安全・保安院も原子力安全委員会も、ブレーキとしては体裁ばかりであり、性能は「欠陥部品」に等しかったのだ。これらの規制機関は政権(政治)からの「独立性」が低いのはもとより、原発事業者やその周辺専門家からの「自立性」もまた低かった。規制行政機関が「規制対象事業者らの虜」となったというよりはむしろ、事業者や周辺の専門家を囲い入れ、「円滑」な行政を指向したのだ。したがって、組織体制としてみれば、原子力開発のダブルチェック体制は存在したが、それは実質をともなうものでなかったといってよい。三・一一東電福島第一原発のシビアアクシデントは、起こるべくして起きたといえる。

もちろん、このシビアアクシデントを直視するならば、エネルギー政策の基本的転換が問われている。ただし、政権の交代によってそれが実現に向かうとしても、現に存在する原発の解体さらに廃棄物の最終処分には多大な時間を要する。放射性物質とともに暮らさねばならない以上、いかに政治(政権)から独立性の高い規制行政機関とシステムを構築するかが、重大な政治課題であることは論をまたない。

三・一一シビアアクシデントを経て原子力安全規制の組織体制は「一新」された。はたしてそれは、原子力開発の安全規制にいかなる意味をもつものなのか。あらためて検討せねばなるまい。

2　原子力規制委員会の設置

民主党政権による原子力規制行政の改革案

東日本大震災は大津波によって三陸沿岸に壊滅的打撃をもたらしたばかりか、東電福島第一原発のシビアアクシデントを引き起こした。菅直人・民主党政権は、未曽有の大震災に全力を投入せねばならない事態に陥った。政権は大震災からの復興行政体制をどのように構築するかを緊急課題とする一方において、原発の「絶対安全神話」が打ち消された現実をまえにして、新しい原子力安全規制システムのあり方を追求することになった。現に五〇基近い発電用原子炉が存在しているのであり、「シビアアクシデントを再び起こさない」は、政権にとって至上命題だった。菅首相は二〇一一年六月二七日に細野豪志を原発事故担当の特命大臣に任命し、新たなシステムの検討に着手した。

民主党政権は二〇一一年六月にＩＡＥＡ（国際原子力機関）閣僚会議に提出した報告書においてつぎのように述べた。「経済産業省原子力安全・保安院による一次規制機関としての安全規制、内閣府原子力安全委員会による一次行政機関の規制の監視など、行政組織が分かれていることにより、国民に対して災害防止上十分な安全確保」ができなかったとし、「原子力安全・保安院を経済産業省から独立させ、原子力安全委員会や各省も含めて原子力安全規制行政や環境モニタリングの実施体制の見直しの検討に着手する」とした。

このＩＡＥＡへの報告後の八月一五日に政権は、「原子力安全規制に関する組織等の改革の基本方針」を閣議決定した。そこでは三・一一シビアアクシデントをもたらした基本的要因が、原子力安全規制におけるブレーキとアクセルの未分離にあったとし、新たな安全規制はこの二つの機能の完全分離をはたすとした。そして二〇一二年四月に、環境省の外局として原子力安全庁（仮称・のちの民主党政権の法案では原子力規制庁）を設置するとした。原子力安全庁には経産省の原子力安全・保安院の原子力部門を統合する。原子力安全庁は原子力安全規制を一元的に担う行政組織とし、原子炉や核燃料の安全規制、環境モニタリング機能、緊急時の危機管理をミッションとするとした。その後、一一年九月二八日に原子力事故再発防止顧問会議（座長・松浦祥次郎）が設けられ、同年一二月一三日に顧問会議の提言が取りまとめられたが、その内容は政権の基本方針を承認するものだった。

二〇一二年一月三一日、野田佳彦政権（二〇一一年九月二日発足）は、原子力規制庁の設置を中心とした環境省設置法の改正や原子力関係法の改正を内容とする原子力組織制度改革法案を閣議決定し、通常国会に上程した。

原子力規制庁は環境省の外局として設置し、経産省の原子力安全・保安院の原子力部門、内閣府の原子力安全委員会、文科省の放射線モニタリング部門を統合する。また付属機関として原子力安全調査委員会を設置する。原子力安全調査委員会は国家行政組織法第八条にもとづく審議会等であり、環境相が国会の同意をえて任命する五人の委員からなり、原発事故の原因や被害の究明のための事情聴取や立入検査権限をもつとともに、原子力規制の有効性に関する審査をおこなうとされた。

また、この法案では原子力基本法、原子炉等規制法、電気事業法の見直しを図るとされた。つまり、原子力利用における安全の確保は「放射線による有害な影響から人と環境を守る」ためにおこなうとの条文を原子力基本法に定める。原子炉等規制法の改正では、最新の知見によるバックフィット制度（既存の原発施設等について新たな安全審査指針などの基準による見直しを義務化）の導入や、原子炉の運転期間を原則四〇年とする（二〇年の延長可）ことなどが謳われた。また電気事業法が規定する原子力発電所にたいする安全規制（定期検査等）を廃止し、原子炉等規制法に安全規制を一本化するとされた。

さらに、原子力規制庁の旧規制機関からの人事上の「独立」を確保するために、幹部級職員

（課長職以上）については、出身官庁である原子力安全・保安院や文科省に戻ることを禁止する「ノーリターンルール」を設けるとされた。

だが、この民主党政権の作成した原子力規制庁設置案は、多くの疑問・批判にさらされた。主要な論点はつぎの二点だった。第一に、原子力規制庁を環境省の外局として設置することについてだ。原発のシビアアクシデントは人命、大気、土壌、海洋に致命的ダメージをもたらした。環境省のミッションが環境の保全にあるゆえに同省の外局として原子力規制を担わせるというが、環境省は「原発はCO_2を出さない」として原発推進の一翼を形成してきた。そのような環境省に原子力安全・保安院、原子力安全委員会を移管しても、原発の安全規制をきびしく審査できるのか。しかも、実際の原子力規制庁の人員は原子力安全・保安院からの横滑りではないか。「ノーリターンルール」では原子力規制庁の独立性は確保できない。

第二に、環境省はいうまでもなく内閣統轄下の行政組織である。内閣府に原子力安全委員会を、経産省に原子力安全・保安院をおき、形ばかりの「ダブルチェック」体制をつくりあげた従来の体制と同一であるどころか、「ダブルチェック」そのものを否定するに等しいことだ。法案では原子力規制庁の付属機関として原子力安全調査委員会を設け原子力規制庁の独立性を監視し、環境大臣ないし原子力規制庁長官への勧告権を付与するというが、組織の一元化は免れない。

こうした批判は、脱・反原発市民運動ばかりか、マスコミ、さらに東電のシビアアクシデントの原因を調査する国会事故調からも、異口同音に浴びせられた。

自民党の原子力規制組織案

他方、野党であった自民党も、さすがにシビアアクシデントをもたらした原発安全規制行政のあり方を無視できなかった。二〇一一年一二月一四日に「原子力規制組織に関するプロジェクトチーム」を設け、さらに政務調査会の関連部会で再編について検討した。このプロジェクトチームの設置から、自民・公明党共同提案の行政委員会としての原子力規制委員会設置法案を主導したのは、衆議院議員・塩崎恭久であった。塩崎は原子力規制機関は電気事業者を所管する行政機関から高度に独立させるべきであるとして、国家行政組織法第三条が定める行政委員会制度を活用し、内閣府に行政委員会としての原子力規制委員会を設置すべきと主張した。彼の述懐によれば、自民党内には行政委員会制度では緊急時の対応ができないとの批判が強く、プロジェクトチームからの退会者も続出したという。また環境省をはじめとした官僚機構には、原子力行政が完全に独立することへの抵抗がみられたとする（「現代ビジネス」二〇一二年六月二六日)。こうして塩崎の主導した原子力規制委員会案も膠着状態に陥る。

ところで、野田政権が国会に上程した原子力規制庁の設置を中心とする原子力組織制度改革法案も実質審議に入れなかった。それはさきにみた原子力規制庁案についての批判ばかりが理由ではない。民主党が二〇一〇年の参議院議員選挙で敗北した結果、衆参「ねじれ現象」が生じ、政権党の影響力が限定された。しかも、菅政権から野田政権への交代が物語るように、民主党は、消費税の税率引き上げ問題にくわえて小沢一郎グループとの抗争によって、政権党としての一体性が著しく弱体化していた。民主党政権は法案の成立に向けて国会審議を主導する力を失っていたのである。

こうした状況のなかで、二〇一二年五月五日に全原発が停止した。野田政権は関係閣僚会議において「暫定的安全基準」を定め、同年の六月一六日に関西電力大飯原発三・四号機の再稼働を認めた。だが、本格的な原子力安全規制機関の不在状況は続く。原発への社会的批判をまえにして新たな安全規制機関を立ち上げなければ、「安定的」エネルギー源として原発を稼働させることはできない。一方の自民党も、これについてはまったく利害を同じくする。塩崎は自民党政務調査会長代理の林芳正やシビアアクシデントの被災地である福島県いわき市出身の衆議院議員・吉野正芳の支援をえて、環境省のもとに行政委員会として原子力規制委員会を設けることを中心とした原子力規制委員会設置法案をまとめ、二〇一二年四月二〇日に公明党と共同で国会に提出した。

原子力規制委員会設置法の制定

政権の法案および自民・公明党の共同提出法案は、ともに衆議院環境委員会に付託された。環境委員会の委員は、この三党の議員だけで構成されており、共産党や社民党などの委員はいなかった。民主・自民・公明の三党は、環境委員会理事会を頻繁に開催し、原子力規制委員会—原子力規制庁の設置法案をとりまとめた。塩崎恭久は「民主党は自民・公明党案を丸呑みした」と語っているが、野党案のように規制機関の最高意思決定機関を合議制機関＝行政委員会とし、事務局に政権案の原子力規制庁をもってくることで妥協が成立した。こうしてまとめられた原子力規制委員会設置法案は、二〇一二年六月一五日に衆議院環境委員長提案として国会に上程され、その日のうちに委員会と本会議を通過し参議院に送付された。参議院においても六月二〇日の一日で審議され成立となった。法案は本則が三一条、附則が九七条という代物だ。参議院環境委員会の自民党委員からは「今朝、法案を渡されても審議のしようがない」との発言があったが、まさにドタバタの審議・国会通過だった。

あれほどのシビアアクシデントを目の前にしているにもかかわらず、超短期の法案成立は、政権をふくめて政治がいかに原子力安全規制に無頓着であるかを如実に物語っている。政権党たる民主党も野党であった自民・公明党も、原発再稼働に向けた制度的体裁を整えることのみを追求したといわざるをえない。こうした原発安全規制についての熟慮の欠如が、現在の「混迷」を招いている根源だといいたい。

こうして成立した原子力規制委員会設置法は、二〇一二年六月二七日に公布され、原子力規制委員会とその事務局とされる原子力規制庁が同年九月一九日に発足した。この発足にともなう委員人事については次章でみるが、委員人事をふくめて委員会の発足はあまりに拙速だった。

第Ⅱ章　原子力規制委員会とはどのような組織なのか

1　原子力規制委員会の構成

原子力規制委員会の法的性格

前章でみたように、三・一一シビアアクシデントを受け、民主党政権は原子力安全規制システムの改革をおこない、原子力規制委員会と原子力規制庁という新しい組織が作られた。本章ではこれらの組織構造についてみる。

原子力規制委員会は国家行政組織法第三条にもとづく行政委員会とされ、環境省の外局と位置づけられた。委員は五名とされ衆参両院の同意をえて首相が任命する。委員会の事務局として原子力規制庁をおくとされた。

原子力規制委員会は原子力安全規制を一元的に担う組織とされた。内閣府の原子力安全委員会は廃止され、原子力規制委員会に機能統合された。そして委員会にはつぎの権限が移管された。①経済産業省原子力安全・保安院が担っていた発電用原子炉の規制、文部科学省の試験研究炉の規制および核燃料物質等の使用に関する規制、国土交通省の船舶等原子炉の規制、②経産省、文科省の担ってきた核物質防御に関する関係省庁の調整、文科省の担ってきた核不拡散の保障措置に関する規制、③放射線モニタリングの関係省庁間の調整、文科省の担ったSPEEDIの運用、④文科省所管だった放射線障害防止法の事務、である。

安全規制に関する事務・権限を一元的に担う原子力規制委員会は、これらに関して必要な規則制定権をもつとともに、首相はじめ閣僚への勧告権をもつとされた。そして、原子力規制委員会の下に原子炉安全専門審査会、核燃料安全専門審査会、放射線審議会をおくとされた。これらの審査会、審議会の委員は原子力規制委員会が任命するとされたが、国会の関与は定められていない。

「老朽」原発の寿命延長

ところで、原子力規制委員会設置法と同時に改正された原子炉等規制法と原子力基本法には、原子力規制委員会の権限・行動に密接に関係する重要な「改正」がふくまれている。

改正原子炉等規制法は、最新の知見を設置許可処分の技術基準に取り入れるとともに、既に設置許可をえて稼働している原発についても、新基準への適合を義務づける制度（バックフィット制度）を導入した。これ自体は、原発の事故を回避するうえで当然の制度だ。ところが、その一方で同法は、原発の運転期間を使用前検査に合格した日から起算して四〇年としながらも「例外規定」を設けた。つまり、四〇年の運転期間を超えた原発については、原子力規制委員会規則で定める安全基準に適合しているものについて、二〇年を超えない期間を限度として一回にかぎり運転延長を認可できるとした。これはさきにみた民主党政権の原子力規制庁法案に姿をあらわしているが、原発は最長で六〇年の運転ができることになった。

もともと原発の開発時においては、中性子による圧力容器の損傷を考慮して運転期間は三〇年から四〇年と想定されていた。ただし、原子炉等規制法には寿命規定はなかった。それをあらためて法的に四〇年と定めたことは評価できよう。だが、条件を付けてはいるが最大二〇年の運転延長を認めたのである。この「老朽」原発の延長規定は、民主・自民・公明党間にまったく異論はなかったと、当時の民主党幹部は語る。ここでもシビアアクシデントへの認識が問われる。この老朽原発の寿命延長は、まさに安倍政権の原発政策とからんで、今日の原発安全規制の焦点となっている。

「安全保障に資する」が意味するもの

原子力基本法は、すでに述べたように、一九五五年一二月、原爆被爆国・日本が原子力開発に取り組むにあたって原子力の平和利用、商業利用に徹することを宣言したものだ。ところが、原子力基本法は長文の原子力規制委員会設置法附則第一二条によって改正され、原子力利用の安全確保については「確立された国際的な基準を踏まえ、国民の生命、健康及び財産の保護、環境の保全並びに我が国の安全保障に資することを目的として、行うものとする」とされた。

前段の「国民の生命、健康及び財産の保護、環境の保全」は大方の理解をえることができよう。だが、これにつづく「我が国の安全保障に資する」なる文言は、前段とは脈絡を違えている。いったいこの一文は何を意味するのか。長文の附則のなかに紛れ込ませるように挿入された「安全保障」とは、原発にたいするテロの防護のみを意味するのではないであろう。核兵器開発をも視野に入れた軍事的「安全保障」を意味しているのではないか。

民主党幹部は、もとは自民・公明党案というのだが、突貫工事のような法案調整の杜撰さを物語るといえよう。原子力の「平和利用」を謳った当初の原子力基本法とはあきらかに齟齬をきたすといわねばなるまい。プルトニウムなどの核物質の再処理と管理、原子炉の安全規制が「密室性」を帯びることを注視せねばならない。

原子力規制委員会委員の欠格要件

さて、原子力規制委員会は二〇一二年九月一九日に発足した。あらたな原子力規制機関の法的権限や組織の位置について多くの議論が交わされたが、なかでも委員の人選について社会の関心が集中した。三・一一を機に「原子力ムラ」なる言葉が一挙に「流行語」となったが、みずからの技術・知見の活用、名声と権威の向上、潤沢な研究費の獲得を目指し官僚機構やメーカーに群がってきた学者たちを委員に任命すべきでないとの世論が高まった。

原子力規制委員会設置法は、第七条第一項で委員長ならびに委員は、「人格が高潔であって、原子力利用における安全の確保に関して専門的知識及び経験並びに高い識見を有する者のうちから、両議院の同意を得て、内閣総理大臣が任命する」とした。そして同法第七条第七項第三号は「原子力に係る製錬、加工、貯蔵、再処理若しくは廃棄の事業を行う者」の役員・従業員は、委員長または委員に就任できないと定めた。また野田政権のもとの内閣官房原子力安全規制組織等改革準備室は、この欠格要件に関するガイドラインとして「原子力規制委員長及び委員の要件について」を定めた。そこでは①就任前直近三年間に、原子力事業者及びその団体の役員、従業員等であった者、②就任前直近三年間に、同一の原子力事業者等から、個人として、一定額以上の報酬等を受領していた者は、委員長・委員から除外されるとした。

このガイドラインは、社会的要請に応えて原子力規制委員会設置法の委員長・委員の欠格要件をより具体的にしめしたものだ。だが、当の野田政権が初代委員長・委員の選任にあたって設置法の規定とガイドラインを守っていないではないか、という批判を呼び起こした。

野田政権による初代委員長・委員の任命

野田佳彦首相は、初代の原子力規制委員会委員長と委員候補を人選した。現在も同じだが国会同意人事案件は、内閣から一括して提出されるが、委員候補に国会の関係委員会が所信などを聞き質疑することは、きわめて例外である。だが、さすがに原子力規制委員会のゆくえが委員長の識見や経歴に左右されると考えた国会の両院議院運営委員会は、委員長候補を委員会に呼び所信の表明と質疑を交わした。だが、他の四委員候補については質疑を交わすことはなかった。それればかりか、政権の人選した委員長をはじめとする委員候補の一部には、与党・民主党内からも「原子力ムラ」の住人との批判が噴出した。結局、九月八日に国会が閉会となり、委員長・委員候補への国会同意はえられなかった。

野田首相は、原子力規制委員会設置法附則第二条第五項「この法律の施行後最初に任命される委員長及び委員の任命について、国会の閉会又は衆議院の解散のために両議院の同意を得ることができないときは、内閣総理大臣は、第七条第一項の規定〔衆参両院の同意を得ること―筆者〕にかかわらず、同項に定める資格を有する者のうちから委員長及び委員を任命することができる」なる例外規定をもちいて、つぎの五名を委員長ならびに委員に任命した。付言すれば、二〇一三年二月に衆参両院で事後承認されている。

委員長　田中俊一
委員　更田豊志(ふけた)
　　　中村佳代子
　　　大島賢三
　　　島崎邦彦(委員長代理)

政権がなぜ右の五名を初代の原子力規制委員会委員長ならびに委員に選任したのかは、今日にいたるまで具体的に説明されたことがない。当時の関係者はいずれも「原子力規制委員会設置法にいう要件を満たした人格高潔で高い原子力規制の識見をもつ」というばかりである。

この五名のうち大島賢三は外交官であり、国連平和協力本部事務局長、国連事務局事務次長、国連日本政府代表部特命全権大使などを務め、規制委員会発足時には国会事故調査委員会委員、放射線被曝者医療国際協力推進協議会(HICARE)理事の職にあった。島崎邦彦は東大地震研究所教授、日本地震学会会長、地震予知連絡会会長を務めた、日本を代表する地震学者の一人である。野田政権がこの二人を委員に選任したのは、原発の安全規制に地震学の叡智が不可欠であること、また国際的基準に照らした安全規制が欠かせないと考えてのことであろう。

ところが、脱・反原発市民運動関係者が「原子力ムラ」との関係において問題視したのは、委員長ならびに委員の欠格要件に、田中俊一委員長、更田豊志委員、中村佳代子委員が反しているのではないかという点だった。田中委員長は日本原子力研究開発機構(旧動燃)副理事長、原子力委員会委員長代理、原子力学会会長の経歴をもつ。更田委員は日本原子力研究開発機構副部門長であり、高速増殖炉「もんじゅ」や東海再処理工場を保有する原子力事業者の職員である。中村佳代子委員は公益社団法人日本アイソトープ協会のプロジェクトリーダーであり、同協会は研究系・医療系の放射性廃棄物の貯蔵、廃棄の事業者ではないかとされた。

これらの批判にたいして野田政権は、委員就任と同時に辞職予定であるから欠格要件に該当しないとした。さらに、そもそも日本原子力研究開発機構も日本アイソトープ協会も、営利企業でないから「原子力事業者等」に該当しないとした。

だが、この野田政権の説明はかなり苦しい。原子力委員会も日本原子力研究開発機構(旧動燃)も原子力開発のための政府組織であり、三・一一シビアアクシデントに責任を負うべき組織である。また、日本原子力研究開発機構は独立行政法人であり日本アイソトープ協会は公益社団法人であって、法的にはたしかに営利企業ではない。とはいえ、日本の原子力開発は政府・政府出資法人・公益法人、電力会社や重電メーカーなど民間事業者が一体となってすすめられた。組織の法的性格のみで判断できないのではないか。

あらたな原子力安全規制システムのスタートにあたって、原子力規制委員会の委員長と委員の選任は最重要課題だ。以上のような経緯は、民主党政権の原子力安全規制行政についての認識のレベルを垣間みせていよう。同時に国会同意人事における審議のあり方が、問われているのである。

「原子力ムラ」の意向に応えた委員の入れ替え

原子力規制委員会の委員の任期は五年とされたが、原子力規制委員会設置法附則第二条第一項において、最初の委員について二人の委員の任期を二年、二人の委員のそれを三年とすると定められた。ただし、再任を妨げるものではない。この規定は少なくとも立法趣旨としては、全員を任期五年としたならば委員が一挙に交代する可能性があり、それを防ごうとするものといってよいだろう。さきに記した四人の委員のうち大島賢三、島崎邦彦が任期二年、更田豊志、中村佳代子が任期三年とされた。

こうして出発した原子力規制委員会だが、発足から三カ月後の二〇一二年一二月の衆院総選挙において自民・公明党は政権を奪還し、第二次安倍晋三政権がスタートした。こうした政権の再度の交代のなかで原子力規制委員会の活動は、のちに述べる新規制基準の作成と施行(一三年七月)にならんで、関西電力大飯原発三・四号機の再稼働をはじめとした再稼働審査だった。

大飯原発三・四号機は原子力規制委員会発足前の二〇一二年六月に再稼働を認められ七月から再稼働していた。民主党政権の承認した再稼働はあくまで「暫定基準」によっており、原子力規制委員会は一三年四月から大飯原発三・四号機の評価をおこなうために、更田委員をキャップとする検討チームを二〇一三年四月に発足させた。この検討チームはすでに作成済であった新規制基準でもって大飯原発三・四号機の安全規制が充分であるかどうかを検証するものだった。この過程で唯一関西電力に計画変更をもとめたのは、事故時の司令塔となる緊急時対策所の位置だった。関電は当初三・四号機の事務室を緊急時対策所としていたが、それを一・二号機の事務室に移すと変更した。こうした経緯をへて原子力規制委員会は二〇一三年七月三日、「安全上、重大な問題はない」として大飯原発三・四号機が定期検査に入る九月までの運転継続を認めた。ただし、検討過程で重要な問題とされたのは、大飯原発三・四号機に冷却用海水を送る「非常用取水路」の真下を横切る「F―6破砕帯」と呼ばれる断層が活断層かどうかだった。原子力規制委員会はこの結論を先送りして、大飯原発三・四号機の運転継続を承認した。

第Ⅳ章にみるように、原子力規制委員会の新規制基準の施行後、関西電力による大飯原発や高浜原発、九州電力による川内原発などの再稼働申請(新規制基準への適合性審査の申請)が続いた。こうした再稼働申請にたいして、地震学者である島崎邦彦・原子力規制委員会委員長代理は、きびしい態度をとり続けた。それは電力会社の想定する基準地震動や津波の潮位、活断層か否か、火山噴火の想定などが、いずれも緩やかすぎるとするものだった。政権幹部は「厳しい審査基準にしたのはいいが、島崎氏はどんどん審査のハードルを上げて、自分では結論を出さなかった」といい、自民党の原子力規制委員会設置法案をリードした塩崎恭久は「地震学者がいてもいいが、原子力をまったく知らない方の場合にはどうなのか」、また、滝波宏文・自民党参議院議員は「自公政権には協力したくないということなのか、本音は脱原発だからなのか」(いずれの発言も「朝日新聞」二〇一四年五月二八日、朝刊)といったように、島崎委員長代理へのきびしい批判が続いた。

島崎委員長代理の再任拒否と原子力学界「ドン」の選任

こうした状況下の二〇一四年五月二七日、安倍政権は九月で任期の切れる島崎邦彦委員長代理と大島賢三委員を再任せず、代わりに石渡明、田中知(さとる)を委員とする国会同意人事案を衆参両院にしめした。両委員のうち島崎邦彦委員の再任拒否は、自民党および経済界とりわけ関西経済連合会や九州経済連合会からの要請に安倍政権が応えたものといってよい。後任とされる石渡明は東北大学教授であり日本地質学会会長を務めたが、岩石の専門家であり大きな争点とされる活断層の存在などを究明する地震学の専門家ではない。

ところで、新たに選任された田中知は、脱・反原発市民運動ばかりか原発推進派も認めるように、原子力推進学者の「ドン」だ。東京大学大学院教授であり日本原子力学会会長などを務めてきた。日本の原子力学界においては、委員長の田中俊一より「格上」とされる。

こうした「原子力ムラ」での地位にくわえて田中知は、少なくとも二〇〇四年度から一一年度までの八年間に、原子力事業者や関連団体から七六〇万円を超える寄付金や報酬を受け取っていることが明らかになっている。原子力規制委員会は田中知が二〇一四年に原子力規制委員会専門審査会委員に就任した際に、彼が二〇一一年度に東電記念財団や原発メーカーの日立GEニュークリア・エナジーから一六〇万円以上の報酬を受け取ったことを公表した。さらにロイター通信は、二〇一四年六月九日、田中知にたいする電力事業者からの寄付金について東京大学本部に情報請求した結果を報道した。東大本部の回答によれば、二〇〇四年度から一〇年度にかけて、大間原発(青森県)を建設中の電源開発が計三〇〇万円、日立GEニュークリア・エナジーが計三〇〇万円を寄付した。これらだけでも寄付金や報酬は七六〇万円を超える。ロイター通信は田中知に「原子力安全規制の独立性や中立性が維持できるのか」との質問状を送ったが、回答はなかったとも報じた。

田中知の委員選任は、明らかにさきにみた欠格要件についてのガイドラインに抵触するといえるのではないか。原子力規制庁幹部は、「大学への寄付金は研究室にたいするものであって個人あてではない」と弁明したが、石原伸晃・環境相は「ガイドラインは民主党時代のものであり、自民党政権のガイドラインは存在しないし、今後も作る意向はない」と国会で答弁している(「朝日新聞デジタル」二〇一四年六月九日)。安倍政権は原子力規制委員会、それを動かす委員の原発関連事業者からの独立性や中立性規範を、捨て去ったといえるのではないか。

「原子力ムラ」の復活

この原子力規制委員会の新人事は二〇一四年七月に国会両院の承認をえた。ここに明らかなように、安倍政権は政権基盤の強化とともに、原子力規制委員会を科学的・専門的知見の衣を纏った原発推進派による審査機関へと変容させたといえよう。さらに翌一五年には三年の任期の切れる更田豊志、中村佳代子委員のうち更田豊志を再任、中村佳代子を退任させた。更田はあらたに規制委員会委員長代理に就任した。また中村佳代子の後任委員として伴信彦をあてた。伴信彦は動力炉・核燃料開発事業団(動燃)職員、東大医学部助手などを経て東京医療保健大学教授を務めていた。放射線防護の専門家とされている。いずれにしても、原子力規制委員会からは、巨大地震の襲来が予測されるなかで地震学の専門家は姿を消したのである。

くわえて、二〇一七年九月で田中俊一委員長の任期が切れた。田中知委員が後任の原子力規制委員会委員長に就くのではないかと憶測されていたが、安倍政権は世論の批判に配慮したのか、田中俊一委員長の「自発的退任の意向」と更田委員長代理の「貢献」を理由として、更田委員長代理の委員長への昇任を、二〇一七年四月に公表し、更田は同年九月二二日に委員長に就任した(田中知は同日付で委員長代理)。また、田中俊一委員長の退任による後任委員として山中伸介・大阪大学副学長が衆参両院の同意をえて就任した。彼は就任前の記者会見で「四〇年ルールは短期に過ぎる」と発言し、田中委員長があわてて見直す意思のないことを表明した。

こうして、三・一一後、あれほど社会的批判を浴びた「原子力ムラ」の住人は、原子力規制委員会なる「権威的舞台」を足場に復活をみたのだ。

2　原子力規制庁の設置と人事

事務局とは何だろうか

原子力規制委員会とともに原子力規制庁が設置された。原子力規制庁は規制委員会の事務局とされているが、もともと「事務局」とは何かは、明確に定義することが難しい。少なくとも、原子力規制庁は原子力規制委員会の庶務事項をあつかう組織ではない。原子力規制委員会の権限とされたかなり広範な事項について企画立案を担う組織である。

スタート時の原子力規制庁の組織は、図Ⅱ－1のとおりであり比較的簡素である。これはのちに述べるが、原子力安全基盤機構(ＪＮＥＳ)が担ってきた原子力施設などの検査業務が、規制庁の業務とされていなかったためである。発足時の規制庁は、あらたな原子力安全規制体制の形成にむけて、原子力規制委員会の所掌事務とされた、原子炉等の安全規制の技術基準、地震・津波安全対策、原子力防災対策の指針、放射線対策などに関する「原案」の作成を主たる業務とした。

原子力規制委員会の最高意思決定機関は、五人の委員からなる合議体である。したがって法的にいうかぎり、原子力規制庁の業務は規制委員会の指示にもとづきおこなわれることになる。だが、原子力規制委員会にかぎらないが、最高意思決定機関が事務局に詳細な指示を下すことは実質的に不可能であって、大綱的な指示にならざるをえない。

もちろん、原子力規制庁が委員会の意思を推し量り、それに忠実に業務を実施し、委員会の補助・補佐機能に徹することも考えられる。他方において、原子力規制庁の各部局がそれぞれの専門的知識・技術・情報にもとづいて業務を遂行し、原子力規制委員会を実質的に支配することも想定される。原子力規制委員会の委員は、それぞれ専門分野を異にしており、合議体として「原案」を詳細に検討する

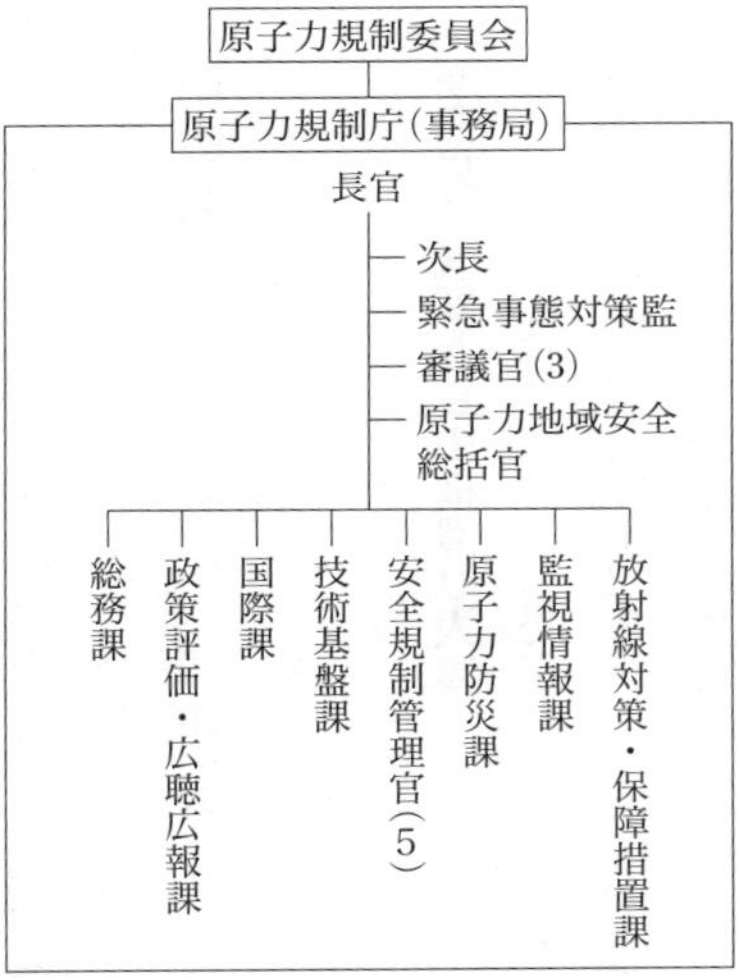

原子力規制委員会
原子力規制庁(事務局)
長官
- 次長
- 緊急事態対策監
- 審議官(3)
- 原子力地域安全総括官

放射線対策・保障措置課
監視情報課
原子力防災課
安全規制管理官(5)
技術基盤課
国際課
政策評価・広聴広報課
総務課

出典：原子力規制委員会「原子力安全基盤機構統合後の原子力規制委員会の体制等について」より作成
カッコ内の数字は人数を示す

図 II-1　発足時の原子力規制庁の組織図

ことは不可能に近い。事務局の原子力規制委員会にたいする「補助・補佐機能」と「実質的支配」の境界はグレーであるといってよいだろう。こうした問題状況を踏まえたうえで、原子力規制委員会と原子力規制庁の関係を考える重要なヒントは、原子力規制庁の人事にあるといってよいのではないか。

原発推進機関からの横滑り人事

二〇一二年九月二〇日に原子力規制庁が本格的に業務を開始した。すでに述べたように原子力規制庁は経産省の原子力安全・保安院、原子力安全委員会事務局、文科省の放射線モニタリング部門などを統合して発足した。スタート時の原子力規制庁の職員数は四五五人だったが、そのうち原子力安全・保安院から三五〇人、原子力安全委員会から四一人、文科省モニタリング部門から四〇人、環境省から一〇人、その他省庁から一四人の陣容だった。実に八割以上が原子力安全・保安院出身者であり、原発の設置許可処分や安全規制にかかわった職員で占められたのである。原子力規制庁は「衣を替えた」原子力安全・保安院といった様相だった。

原子力規制庁の人事権をもつ原子力規制委員会は、原子力規制庁の「幹部」は長官、次長、緊急事態対策監、原子力地域安全総括官、および三名の審議官であるとした。それぞれの経歴をみておこう。

初代長官の池田克彦は、京都大学出身の警察官僚であって、一九七六年に警察庁入庁後、群馬県警捜査二課長、総理大臣官房審議室、警察庁交通局、警視庁第七機動隊長、警視庁警備部警備第一課長、千葉県警警務部長、大阪府警警備部長、岩手県警本部長などをへて二〇一〇年に警視総監に就任し二〇一一年に退官した。警備警察(公安警察)分野のエキスパートとされるが、原子力行政にかかわった経験はない。これが何を意味するのかは、のちに考える。

次長の森本英香は環境省大臣官房審議官から就任したが、民主党政権の設けた内閣官房原子力安全規制組織等改革準備室長として原子力規制(安全)庁構想にかかわっている。

緊急事態対策監の安井正也は、京都大学工学部原子核工学科を卒業して通産省に入省。資源エネルギー庁原子力政策課長、省エネルギー・新エネルギー部長、原子力安全規制改革担当官房審議官から就任した。原子力政策課長時代の二〇〇四年、原発の使用済核燃料を地中廃棄する費用を算出したが、「試算は存在しない」との国会答弁を作成したとして厳重処分を受けている。彼はのちに第三代原子力規制庁長官に就任するが、国策として推進された原発政策の中心を歩んだ人物である。

原子力地域安全総括官の黒木慶英は、長官の池田と同様に警察官僚であり、沖縄県警本部長・警視庁警備部長を経て就任した。

三人の審議官のうち、名雪哲夫は科学技術庁において原子力安全規制、研究開発にかかわったのち、環境庁企画調整局、文科省原子力安全課防災環境対策室長、原子力安全委員会事務局審査指針課長などを歴任し審議官に就任した。だが、まさに「原子力ムラ」の住人のままだったというべきか、二〇一三年一月、日本原子力発電敦賀原発の活断層調査に関する原子力規制委員会の調査団が評価会合を開く前に、日本原子力発電のもとめに応じて報告書原案を渡したことが発覚した。原子力規制委員会は二月一日付で訓告処分としたうえで、のちに述べる「ノーリターンルール」を省みず文科省大臣官房に出向させ更迭した。その後、名雪は文科省から山形大学教授(大学本部企画部)に出向した。

審議官の櫻田道夫は資源エネルギー庁核燃料サイクル産業課長、もう一人の審議官である山本哲也は原子力安全・保安院首席統括安全審査官から就任している。

原子力規制委員会が原子力規制庁の幹部という七人をみるとき、五人が原子力安全・保安院、原子力安全委員会、文科省出身者であり、いずれもシビアアクシデントにいたる原子力行政を中堅・幹部職員として担ってきたことが分かる。こうした経歴の規制庁幹部がはたして原発の安全規制の厳格化に立ち向かうのか、疑問が提示されて当然ともいえよう。

なぜ、公安警察幹部が長官なのか

この原子力規制庁幹部人事で「不可解」なのは、トップの長官ならびに原子力地域安全総括官として原子力行政にまったくかかわったことのない、公安畑の高級警察官僚が起用されていることだ。当時の政権党幹部は、原発の安全規制に「中立な人物」ゆえと語る。また別の幹部は「規制委員会の判断でありあずかり知らぬ」という。しかし、「中立」であることと専門的知識をもたないことは同義ではない。原子力規制委員会からの指示によって各種の調査や施策の原案の作成がもとめられたとき、規制庁長官として原案などの妥当性や適格性を判断する責任が生じる。しかも、すでに述べたように、原子力規制庁に「移籍」した職員は、幹部はもとより従来の原子力規制機関の職員である。

かつて東京地裁における薬害エイズ事件の公判に証人として出廷した、厚生省薬務局長（事務官）は「生物製剤課の医系技官たちに異論をいう知識を持ち合わせていなかった」と弁明した。だがそれは局長としての職責に反するといわざるをえない。この意味で原子力規制庁長官人事は、原子力行政官僚への歯止めとはならないのだ。そのうえでいえば、長官および原子力地域安全総括官として警察官僚それも公安畑の警察官僚が起用されたことは、彼らのキャリアパスを活用して警察庁等との連携を図り、脱・反原発市民運動の動向把握や情報取得をすることが目的ではないのか。少なくとも、この人事への不信感がひろがったことは事実だ。

原子力規制庁幹部の現在

原子力規制庁は二〇一四年三月一日に、東電による損傷隠し発覚後の二〇〇三年に設けられた独立行政法人原子力安全基盤機構(JNES)を統合した。統合時のJNESの人員は三九九名であった。原子力規制庁も発足後、主として審査・検査業務職員を増員しており、JNESの統合段階では定員五四五名であった。こうして、現在(二〇一七年度)の原子力規制庁の定員は、一〇〇五名となりスタート時の二倍強となっている。

JNESの統合によって原子力規制庁の組織体制も変化した。現在(二〇一七年七月一日)の原子力規制庁の組織は、図II-2のとおりである。発足時との大きな変化は、JNESの担っていた施設検査業務、原子力防災インフラ整備が、規制庁の内部部局とされたことにくわえて、職員の専門性の向上のために人材育成機能を強化するとして原子力安全人材育成センターが設けられたことである。このセンターは海外の原子力規制機関からの研修生を受け入れるとしたが、第二次安倍政権の「成長戦略」による原発プラントの輸出計画と無縁ではないだろう。

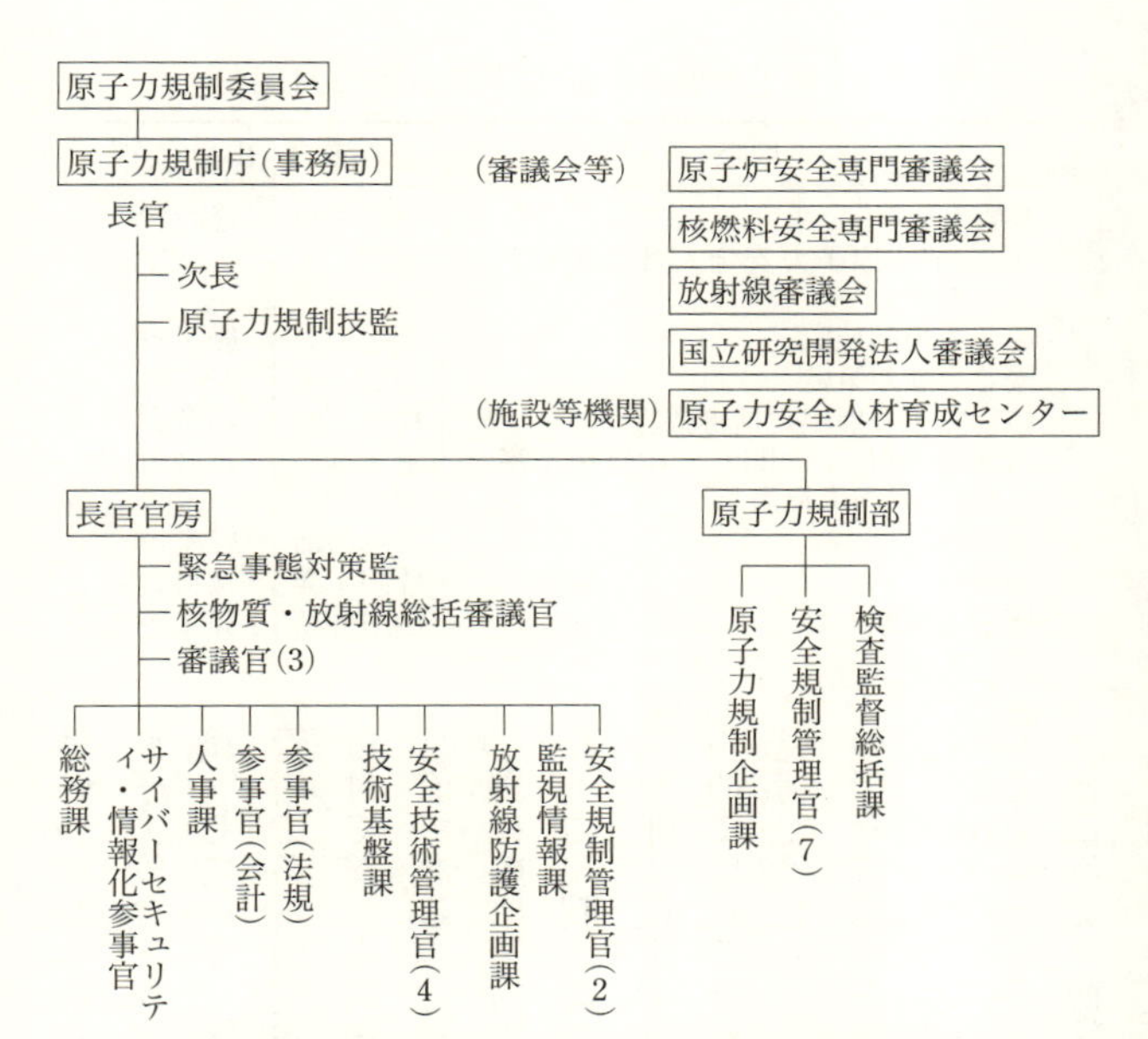

出典:原子力規制委員会ホームページおよび「行政機関組織図」(人事院事務総局総務課, 平成29年7月1日)

図II-2　現在の原子力規制庁の組織図

こうして組織規模を拡大した原子力規制庁の現在(二〇一七年九月現在)の幹部は表II-1のとおりである。出身官庁を記しておこう。

長官の安井正也についてはすでに述べた。次長兼原子力安全人材育成センター所長の荻野徹は警察大学校長をへて就任した警察官僚だ。原子力規制技監の櫻田道夫は発足時の審議官であり経産官僚。緊急事態対策監の山形浩史、核物質・放射線総括審議官の片山啓、審議官の青木昌浩、原子力規制部長の山田知

表 II-1　原子力規制庁の幹部(2017 年 9 月現在)

役職	名前	出身官庁
長官	安井正也	経産省
次長(兼：原子力安全人材育成センター所長)	荻野　徹	警察庁
原子力規制技監	櫻田道夫	経産省
緊急事態対策監	山形浩史	経産省
核物質・放射線総括審議官	片山　啓	経産省
審議官(併任：内閣府大臣官房審議官[原子力防災担当])	荒木真一	環境省
審議官	青木昌浩	経産省
審議官	片岡　洋	文科省
原子力規制部長	山田知穂	経産省

穂のいずれも経産官僚である。彼らは資源エネルギー庁や原子力安全・保安院に勤務したのちに原子力規制庁に「移籍」している。審議官の荒木真一は原子力規制委員会の所管省である環境省の官僚である。また、二〇一七年九月一日付で安全規制管理官から審議官に昇任した片岡洋は文科官僚である。

現在の原子力規制庁幹部人事をみると、長官の安井正也、原子力規制技監の櫻田道夫をはじめとして、三・一一以前に原子力開発の推進を担った経産省の官僚たちが、主流を占めていることが分かる。この意味で、さきにみた原子力規制委員会の人事とあわせて考えるならば、「原子力ムラの影響排除」を謳ったはずの新たな原子力規制機関には、三・一一以前の経産省主導体制への回帰の色が濃くなっているといえよう。

ところで、初代の原子力規制庁長官である池田克彦は二〇一五年七月三一日に退職している。また、黒木慶英・原子力地域安全総括官は、二〇一四年九月一〇日に千葉県警本部長に転出しており、警察官僚は一名減となっている。だが、池田の退職と荻野の次長発令は同日であり、警察官僚があたかも「指定席」のように規制庁幹部ポストを占めている。これはさきのような推論を可能とするのではないか。

ノーリターンルールは虚構か

原子力規制委員会設置法は附則で、原子力規制庁へ「移籍」した職員は、「原子力利用の推進に係る事務を所掌する行政組織への配置転換を認めない」と規定し、いわゆるノーリターンルールを定めた。ただし、発足後五年間にかぎって職員の適性、能力を考えて例外を認めるとされた。例外規定はあるものの原子力規制庁へ異動する職員の多くが、経産省原子力安全・保安院、資源エネルギー庁、内閣府原子力安全委員会事務局などの原子力推進行政にかかわってきた官僚たちであることを前提とし、そこへの復帰にたいする「規制」であった。いい方を換えれば、ノーリターンルールは、原発のシビアアクシデントへの真摯な反省を踏まえて、新たな思考のもとで原子力安全規制に立ち向かうことを職員たちにもとめるものであり、原子力推進機関との組織的「断絶」を図るものである。

とはいえ、一見するときびしいこの規定は「霞が関文学」そのものだ。そもそも、発足後五年間の例外規定を設けること自体が、福島のシビアアクシデントをうけて原子力規制委員会―原子力規制庁を設置した趣旨に反する。だが、それ以上にノーリターンルールは、公務員の人事慣行を見抜いているならば、はじめから「抜け穴」だらけなのだ。

ノーリターンルールとはいうが、たとえば、〝原籍〟が経産省にある原子力規制庁職員が内閣府をはじめいずれかの省庁を経て原籍地に戻るならば、ノーリターンルールを回避することができる。つまり直接原籍地に戻らなければルール違反とはならない。法案作成にあたった官僚たちが、原籍地を変更しないというこの奇々怪々な人事慣行を知らないはずはないのだ。例外規定の廃止はもとより職員たちの原籍を完全に原子力規制庁に移すべきなのだ。

また適性や能力については、原子力規制庁発足時に厳格な審査をすべきなのだが、原子力推進機関に在籍中の行動について審査はおこなわれなかった。同時に、幹部級職員ポストには原子力安全規制に真摯に立ち向かう人間を新規採用すべきだが、原子力規制委員会はそれもおこなうことがなかった。このように過去のキャリアとの断絶がシステムとしておこなわれていないから、原子力推進機関の出身職員の意識は、原子力規制庁への一時的「出向」とならざるをえない。

実際、ノーリターンルールは例外期限を経て二〇一七年一〇月から適用されるが、二〇一二年九月一九日から二〇一四年二月一日のあいだに、経産省出身の三一五人のうち四九人、文科省出身の八〇人のうち二一人が出身の省に戻った(「東京新聞」二〇一四年三月一三日、朝刊)。わずか一年半のあいだに一八％の職員が出身省に戻ったことになる。例外規定があるとはいえ、原子力規制庁および上部組織である原子力規制委員会のモラルとモラール(士気)が問われるといわねばなるまい。

原子力規制委員会は、こうした状況への社会的批判を危惧したのか、二〇一五年九月三〇日、「職員の人事異動についての運用方針」を決定した。それは経済産業省の電力・ガス事業部、地方経産局の原発関係部局、文部科学省の原子力課など七つの部・課・室への異動は認めないとするものだ。だが、この「方針」は後追いというべきだろう。二〇一五年九月の段階でさきの出身省に戻った人間もふくめた累計では、経産省への異動者は一二五人、文科省への異動者は六八人だ。規制庁内には「発足時の主だった職員はほとんど帰ったのではないか」といったシニカルな声すらある。

しかも、原子力規制委員会の「運用方針」が厳格に守られたとしても、出身省に戻った職員についての人事権限は、原子力規制委員会には存在しない。一定の時間が経過したのちに省の大臣官房人事課が、適性や能力を勘案して原子力推進部門に異動させることができる。このようなことは改めていわずとも、職員自らが熟知している。安倍政権による原子力規制委員会委員人事を考えるならば、再稼働や老朽原発の運転延長に向かう原子力規制委員会の意思に沿うとともに、出身省の意を汲んだ行動によって、呼び戻されることを期待する職員が増加するといえよう。

さらに、原子力規制庁から府省に異動した職員のポストは、当然補充される。原子力規制庁発足後に原子力推進部門から異動した職員についても、一般的にはノーリターンルールが適用されると考えられるが、原子力規制委員会は明確な解釈をしめしていない。したがって、右の「職員の人事異動についての運用方針」は、原子力規制庁発足時の職員のみを対象とするものではなく、規制庁の人事管理の基本であるといえよう。この運用方針を根拠にして原子力規制庁と原子力推進機関とのあいだの職員異動は、今後一層、活発におこなわれるといえよう。つまりは、原子力規制委員会・原子力規制庁と原発推進機関との垣根は、設立当初の理念とは裏腹に低くなっていくといってよいだろう。

第Ⅲ章　原子力規制委員会とはいかなる行政委員会か

1　行政委員会とは何か

久方ぶりの行政委員会

二〇一二年九月に環境省の外局として原子力規制委員会が設置された。中央行政機構に久方ぶりに設置された行政委員会である。行政委員会とは一般行政機構から独立して準立法・準司法機能をも担う合議制機関とされるが、第二次大戦に敗戦後の日本の中央政府には、きわめて多数の行政委員会が設けられた。それはGHQの日本行政の民主化に応えるものと概括できるが、政党政治の介入や官僚支配を排除し、行政の公平性と専門性を確保しようとするものだったといってよい。その意味では戦後民主化を象徴する新鮮な響きをもつ行政組織だった。

ところが、行政委員会は一九五二年の日本独立とともに廃止や大幅な見直しがおこなわれ、中央行政機構は内閣の下の府省体制を基本とした。見直しの理由としては、行政責任の不明確さや行政効率の悪さが掲げられたが、要するに占領体制から解放され内閣のもとに一元的な行政機構を作り上げようとするものであった。すぐあとでみるように、法的に行政委員会とされる組織は今日きわめて少数である。

東電福島第一原発の未曽有のシビアアクシデントをうけて原子力規制行政の政治的「中立性」や「専門性」の確保が、政治のみならず社会的に重大な関心事とされた。行政委員会としての原子力規制委員会の設置にイニシアティブをとったのは、さきにみたように民主党政権ではなく野党自民党だった。結果的に民主党政権と野党の自民・公明党との合意のもとに原子力規制委員会は設置された。社会的にも原子力規制委員会には、政権からの距離を保ちつつ専門科学的・技術的判断をもとに原子力安全規制に立ち向かうことが「期待」された。

とはいえ、原子力規制委員会は憲法にその存在が規定され内閣から高度の自立性をもった「独立行政委員会」ではない。あくまで、内閣を頂点とする行政機構内の行政組織である。しかも、とりわけ二一世紀に入る前後から中央行政機構は大きく変容している。素朴に行政委員会に期待される機能と類似の合議制組織も多数にのぼる。原子力規制委員会は、行政組織法上の行政委員会であることをもって、どこまで政権からの「独立性」と「自立性」を期待できるだろうか。しかも、原子力規制委員会は、高度に政治マターである原子力発電所をはじめとする原子力施設を対象として専門科学・技術的に安全規制を担う組織とされている。こうしたある意味で「特異」な行政機関にとって「独立性」や「自立性」は、どのような条件があれば期待できるだろうか。

第Ⅰ章、第Ⅱ章で原子力規制委員会の設置にいたる経緯や規制委員会ならびに事務局とされる原子力規制庁の人事・組織をみた。本章では少し視点を変えて、現代日本の政治・行政機構における原子力規制委員会の位置と性格をみておこう。

府省の外局としての行政委員会

現代日本では内閣統轄下の行政機関のほとんどが独任制の行政組織である。つまり主任の大臣たる国務大臣を最高意思決定機関とした行政組織である。だが、中央行政組織の編制についての基準法である国家行政組織法をみると、必ずしも独任制の組織のみを想定していない。つまり同法第三条第二項は「行政組織のため置かれる国の行政機関は、省、委員会及び庁とし、その設置及び廃止は、別に法律の定めるところによる」としている。また委員会および庁は省の外局とする(同条第三項)としている。ここにいう委員会は、独任制の行政組織とは異なり、一般に行政委員会といわれる合議制の行政組織である。国家行政組織法の根拠をもとにして「三条委員会」「三条機関」ともいわれ、複数の委員による合議体を最高意思決定機関とし、そのもとに事務局機構がおかれる。

二〇一七年九月現在で、省の外局としての行政委員会は、公害等調整委員会(総務省)、公安審査委員会(法務省)、中央労働委員会(厚生労働省)、運輸安全委員会(国土交通省)、そして原子力規制委員会(環境省)の五委員会である。これらは国家行政組織法を基本的根拠としつつ、それぞれの設置法に委員数や所掌事務、委員の任命手続きなどが定められている。

これらの省の外局としての行政委員会とは別に、二〇〇一年一月に設置された内閣府は、内閣府設置法第四九条にもとづき外局として庁や委員会を設けることができる。これは内閣府が国家行政組織法の対象外の行政組織とされたため、内閣府設置法に省と同様の外局、委員会の設置を定めたためである。二〇一七年九月現在、内閣府には国家公安委員会と公正取引委員会、個人情報保護委員会の三つの行政委員会が存在する。国家公安委員会と公正取引委員会は、ともに旧総理府におかれていた。このうち国家公安委員会は二〇〇一年に内閣府へ移管されたが、公正取引委員会は総務省の外局とされた。だが総務省が電気通信事業ならびに郵政事業の所管省であることが問題視され、二〇〇三年に内閣府に移管された。個人情報保護委員会は二〇一四年に設置された特定個人情報保護委員会を二〇一六年に改組したものである(以上の府省の行政委員会は表III-1)。ともあれ、省の外局と

表III-1 府省に設置されている行政委員会

内閣府	国家公安委員会 公正取引委員会 個人情報保護委員会
総務省	公害等調整委員会
法務省	公安審査委員会
厚生労働省	中央労働委員会
国土交通省	運輸安全委員会
環境省	原子力規制委員会

しての行政委員会と内閣府の外局としての行政委員会は、組織形態を異にするものではない。

ところで、行政委員会の設置には公法学者の一部から日本国憲法第六五条「行政権は、内閣に属する」に照らして疑問が提示されたことがある。だがそれは主流的な見解とはならなかった。戦後民主改革の見直しによって行政委員会制度は大幅に整理・縮小されたものの、一般に内閣統轄下の独任制行政機関では責任をまっとうしがたい「政治的中立性の確保」、「高度の専門性の発揮」、「高度の公平性の確保」が存続の理由とされ、制度として生き残ってきた。

したがって、行政委員会のレーゾンデートル(存在理由)を確保するために、設置法を必要とするのはもとよりとして、委員は衆参両院の同意をえて首相が任命する(国家公安委員会は委員長を除く委員のみ。運輸安全委員会のみ国会同意のうえで国土交通相が任命)。また、閣僚の任免は首相の裁量でおこないうるが、行政委員会委員の罷免には国会の同意を必要としている。内閣府および省の外局としての委員会は、規則制定という準立法機能や所管の大臣への勧告権、さらに公正取引委員会、公害等調整委員会や中央労働委員会にみるように、紛争審判をおこなう準司法機能を有している。行政委員会はこうした法的枠組みをみるかぎり、内閣からの「独立性」が保証されているといってよい。

とはいえ、規制行政組織としての行政委員会は、日本の行政機関の主流からは遠くに外れていた。原子力安全規制機関として行政委員会制度を活用することは、一種の「先祖返り」のような様相すらある。占領終結・五五年体制のもとの日本政治は、あらたな問題事象がうまれても、その規制を各省官僚機構にゆだね、行政委員会制度の復権・活用を図ろうとするものではなかったからである。

民主党政権が三・一一後にあらたな原子力安全規制機関として構想した原子力規制庁も、こうした政治思考の文脈のもとにあろう。自民党の原子力規制機関プロジェクトのリーダーであった塩崎恭久は、「アメリカのＮＲＣ(原子力規制委員会)に学んだ」と述べている。だが、一九七四年にエネルギー機構再組織法にもとづいて設置されたＮＲＣは、大統領を頂点とする連邦行政機構内の組織ではなく、大統領からも連邦議会からも高度に自立した、まさに「独立規制委員会」である。ＮＲＣにできうるかぎり近づけた組織とするという理念は評価されようが、内閣統轄下の環境省の外局としての原子力規制委員会とは、組織的・法的位置を異にしている。

くわえて、現代日本の行政には、多くの規制行政を各省官僚機構にゆだねてきた結果、行政委員会と類似する機能をもつ組織が多数設けられている。

多数にのぼる「審議会等」

中央政府の府省のもとにある合議制組織は、以上にみた行政委員会だけではない。さきの国家行政組織法は第八条において「第三条の国の行政機関には、法律の定める所掌事務の範囲内で、法律又は政令の定めるところにより、重要事項に関する調査審議、不服審査その他学識経験を有する者等の合議により処理することが適当な事務をつかさどらせるための合議制の機関を置くことができる」と定めている。ほぼ同一の規程は内閣府設置法第三七条および第五四条にも定められており、内閣府の本府および外局に同様の合議制組織が設けられている。一般にこれらは法律ないし行政用語で「審議会等」と称され、また省の審議会等は「八条機関」といわれることもある。

内閣人事局の『審議会等一覧』には、府省などに設けられた審議会等が記載されているが、その数は二〇一七年八月現在で一二九である。それらの設置は個別の法律ないし政令で定められている。委員の所管大臣による任命には、原子力委員会、食品安全委員会、証券取引等監視委員会、国地方係争処理委員会のように国会同意を必要としているものもあるが、大半は要件とされていない。機能はじつに多岐におよぶ。内閣府の宇宙政策委員会、国土交通省の交通政策審議会、環境省の中央環境審議会のような高次の政策事項について所管大臣の諮問に応じて調査審議・報告(意見)を述べるものもあれば、厚生労働省の医道審議会、農林水産省の獣医事審議会のように、医師、薬剤師などの資格審査について審議するものもある。

このような一二九を数える審議会等の多くは、所管大臣の諮問に応えて「答申」ないし「報告」をまとめ行政庁に提出している。それらが政府の政策づくり(法案作成)の前段として活用されることもあれば、「答申」「報告」のまま「棚上げ」されることもある。

なお、これらの審議会等と類似の機能をもちながら法律や政令ではなく要綱などで設置されるものに「有識者会議」(名称は○○に関する有識者会議とされるものもあれば研究会とされるものもあり多様)がある。私的諮問機関ともいわれるが、首相や所管大臣あるいは局長の私的勉強会ではない。国家行政組織法第八条や内閣府設置法第三七条、第五四条に基本的根拠をもたない諮問機関だ。かつて一九八〇年代の中曽根康弘政権時代に私的諮問機関が多数設置され、そのあり方をめぐって多様な議論が交わされたが、第二次・第三次安倍政権においても、首相や国務大臣のもとに有識者会議が濫設されている。とりわけ、安全保障法制懇談会、一億総活躍国民会議、働き方改革実現会議といった首相の私的諮問機関は、政権中枢の意を汲んだ報告をまとめ、法制化の下地づくりに機能している。

行政庁に勧告することのできる審議会等

ところで、多数にのぼり機能の多様な審議会等ではあるが、これら審議会等のなかには、行政庁にたいして勧告権をもつと所掌事務規定に定められた二二の審議会等が存在する(表Ⅲ－2)。

それらの機能も多様である。政策評価・独立行政法人評価委員会、外務人事審議会、地方財政審議会、衆議院議員選挙区画定審議会などは、国民への公権力の直接行使を審議対象とするものではない。一方で、原子力委員会(内閣府)、食品安全委員会(内閣府)、運輸安全委員会(国土交通省)、運輸審議会(国土交通省)、電波監理審議会(総務省)などは、公権力の行使のあり方に直接かかわる。内閣府の原子力委員会は、原子力委員会設置法第二四条にもとづいて「その所掌事務について必要があると認めるときは、内閣総理大臣を通じて関係行政機関の長に勧告することができる」とされている。実際にも、原子力委員会は日本の原子力開発を主導してきた。同じく内閣府の食品安全委員会は、食品安全基本法第二三条第一項にもとづき食品健康影響評価をおこない、食品の安全性の確保のために講ずべき施策について、首相を通じて関係各大臣に勧告するとされている。これらの審議会等は、行政委員会と違って規則制定権なる準立法権限をもっていないが、実質的に行政委員会に匹敵する権能をもつといえよう。

表 III-2　行政庁に対して勧告することができる審議会等

審議会等の名称	勧告に関する規定
障害者政策委員会	障害者基本法第 32 条第 2 項第 3 号
消費者安全調査委員会	消費者安全法第 32 条第 1 項
消費者委員会	消費者安全法第 43 条第 1 項
食品安全委員会	食品安全基本法第 23 条第 3 号，第 4 号
原子力委員会	原子力委員会設置法第 24 条
国土審議会	国土調査法第 24 条，国土形成計画法第 4 条
宇宙政策委員会	内閣府設置法第 38 条第 3 項
公認会計士・監査委員会	公認会計士法第 41 条の 2
証券取引等監視委員会	金融庁設置法第 20 条第 1 項
公益認定等委員会	公益法人認定法第 46 条第 1 項等
電波監理審議会	電波法第 99 条の 13，放送法第 179 条
地方財政審議会	総務省設置法第 9 条第 2 項
運輸審議会	国土交通省設置法第 15 条第 4 項
国地方係争処理委員会	地方自治法第 250 条の 14 第 1 項，第 2 項，第 3 項，第 250 条の 19
電気通信紛争処理委員会	電気通信事業法第 162 条第 1 項
再就職等監視委員会	国家公務員法第 106 条の 21 第 3 項
社会保障審議会	身体障害者福祉法第 25 条第 4 項
中央建設業審議会	建設業法第 34 条第 2 項
外務人事審議会	在外公館の名称及び位置並びに在外公館に勤務する外務公務員の給与に関する法律第 8 条
衆議院議員選挙区画定審議会	衆議院議員選挙区画定審議会設置法第 2 条
政策評価・独立行政法人評価委員会	総合法律支援法第 42 条第 4 項
官民競争入札等監理委員会	競争の導入による公共サービスの改革に関する法律第 38 条第 2 項

出典：内閣府「行政庁に対して勧告をすることができる審議会等について」2013 年 11 月 21 日

証券取引等監視委員会の権能

なかでも、内閣府の外局である金融庁に設置された証券取引等監視委員会の権能は強大であるといってよかろう。委員会は金融商品取引法、金融機関等による顧客等の本人確認等に関する法律にもとづき、金融機関や関係者などの検査や事件の調査をおこなうことができる。そして、行政処分やその他の措置をとるように首相および長官に勧告することができる。また、委員会はこの勧告にもとづいた措置について内閣総理大臣および金融庁長官に報告をもとめることができる。そのほか委員会は検査・調査の結果にもとづいて証券取引等の公正を確保するために必要と認められる施策を、首相、金融庁長官、財務大臣に建議できるとされている。

証券取引等監視委員会は紆余曲折をへて現在に至っている。はじまりは、大手証券会社による大口顧客への損失補塡などの不祥事が社会問題となった一九九一年夏だった。当時の証券業は証券取引法にもとづき免許制のもとにおかれ、直接所管していたのは大蔵省証券局であった。証券等の取引の公正を確保することが法のタテマエであったが、実態は業界行政そのものであり、業の規制なのか保護なのか判然としない状況にあった。この不祥事をうけて大蔵改革がアジェンダとされるが、九二年七月、「自由、公正で透明な証券市場の実現」のために、検査・

監督が大蔵省本体から分離され、国家行政組織法第八条にもとづく審議会等として証券取引等監視委員会が設けられた。

だが、九五年春以降、大蔵省高級幹部のスキャンダラスな接待事件、大和銀行ニューヨーク支店の巨額損失事件、住宅金融専門会社と出資元大手銀行の不透明な関係などが、一挙に表面化した。大蔵改革は一段と大きな政治アジェンダとなり、財政と金融の分離、金融機関にたいする厳しい検査・監督のための新機関の設置が俎上にのった。

そして、九八年六月、総理府の外局として金融監督庁が発足した(三条機関)。監視委員会は金融監督庁のもとに移管された。だが、これと前後して北海道拓殖銀行、山一證券などの経営破綻が生じる。政府は金融市場の安定化をはかるとして金融再生委員会を設けた。金融監督庁、証券取引等監視委員会は金融再生委員会のもとにおかれた。二〇〇〇年七月に金融監督庁は金融庁に改組され、さらに二〇〇一年の行政改革にもとづき金融再生委員会は廃止されるとともに、金融庁はあらたに設置された内閣府の外局とされ、証券取引等監視委員会は金融庁の審議会等に位置づけられた。

ところで、さきに述べた証券取引等監視委員会の検査・犯則事件の調査活動をささえているのは、委員会の事務局だけではない。証券取引等監視委員会は金融庁長官の委任をうけて金融商品取引業者の検査、課徴金調査、開示調査、犯則事件の調査をおこなっているが、さらにこれらの業務を財務省地方財務局(証券取引等監視官部門)に委任(指揮監督)してあたらせている。地方財務局の証券取引等監視部門の定員は二八二人を数える。

行政委員会に「期待」できるのか

少々長く証券取引等監視委員会について述べてきたが、この委員会の権限そして組織体制をみるならば、明らかに国家行政組織法第八条からイメージされる審議会等とは異なっていよう。つまり、証券取引等監視委員会のような審議会等とさきにみた「三条機関」の行政委員会との間には、いかなる実質的な違いが存在するのだろうか。

程度の問題でもあるが、原子力委員会、食品安全委員会についても同様のことがいえよう。さきにもふれているように、多くの規制権限は独任制の機関である府省に所管されてきた。そして、府省は付属機関である審議会等を設け、外部の人材を委員としてくわえ「独善性」批判を回避しつつ規制権限を行使してきた。こうした状況のもとで、行政委員会として原子力規制委員会が伝統的制度理念を掲げて発足したわけだが、はたして府省の外局としての行政委員会は、どれほどの組織的「独立性」を、政権や所管省に主張しうるだろうか。

しかも、現代日本の政治と行政に一段と目立っているのは、「政権主導」の名のもとに、首相―内閣官房長官(内閣官房)―内閣府が、高次の政治・政策次元のみならず内政事項の政策アジェンダに大きな影響力を発揮していることだ。

2　政権主導のもとの行政委員会

内閣府の設置

二〇〇一年の行政改革(橋本行革)は、国土交通省、厚生労働省、総務省にみるように省の大規模統合を実現するとともに、試験研究機関や博物館、国立病院、印刷局などを独立行政法人(日本型エージェンシー)として所管省から相対的に独立させた。これらにマスコミの注目が集まったが、二〇〇一年行政改革のもっとも重要な「成果」は、首相指導体制を法的かつ組織的に確立したことであるといえよう。

この行政改革は内閣法第四条第二項を改正し閣議への首相の発議権を法制化した。つづけて、内閣官房の組織強化とともに内閣府を設置し、首相指導体制の法的かつ組織的条件を整えた。内閣府はさきに述べたように国家行政組織法の枠外の行政機関とされた。ここには旧総理府の所掌事務が引き継がれ、その意味では雑多な事務を抱え込んでいるが、内閣府の本質は首相直轄の行政機関として、まさに重要政策を立案し各省分立体制を超克するところにあるといえよう。したがって、主要政策アジェンダごとに政策統括官(局長級)がおかれ、各種の合議制組織の補佐機能をはたしている。

内閣府の組織を当初より特徴づけているのは、重要政策に関する合議制組織が多数設けられていることだ。内閣府の外局の形をとっているが、国務大臣を長とした国家公安委員会―警察庁、権限を強化した公正取引委員会のいわゆる行政委員会が内閣府の傘下におかれた。二〇一六年一月には個人情報保護委員会(二〇一四年に設置された特定個人情報保護委員会を改組)が設置された。いずれも、日本の経済政策、治安政策、マイナンバーの施行にともなう個人情報の保護を担う重要行政組織であるといってよい。

こうした行政委員会にくわえて内閣府には、重要政策にかかわる四つの会議が設けられた。経済財政諮問会議、総合科学技術会議(現、総合科学技術・イノベーション会議)、男女共同参画会議、中央防災会議がそれらである。これらの会議は首相ならびに関係閣僚そして民間人をメンバー(議員)とした。このなかで経済財政諮問会議は、経済政策と予算政策の基本的方向を審議し決定することを任務とした。これらの内閣府の「会議」は首相と政治的指向を基本的に同じくする経済人や学識者を議員とすることによって、官僚主導でないことを対外的にアピールするとともに、首相指導の「知的源泉」となってきたといえよう。

内閣府における合議制機関の濫設

二〇〇九年に成立した民主党政権は「官から政へ」をスローガンとしたが、政権党幹部による政権運営を指向し、首相指導のための補佐機関とされた内閣府を活用するものではなかった。各省においても政務三役（大臣・副大臣・大臣政務官）による意思決定を重視し、官僚機構の活動を抑制した。

ところが、二〇一二年一二月に政権を奪還した自民党の第二次・第三次安倍政権のもとにおいて、内閣府は、再び政権の補佐機構としての役割を発揮するようになっている。経済財政諮問会議などの重要政策に関する会議には、新たに国家戦略特別区域諮問会議がくわわったが、内閣府における合議制機関は、これら五つの諮問会議と四つの行政委員会のみではない。図Ⅲ－1にみるように内閣府にはきわめて多数の合議制組織がおかれている。

大別すると「特別の機関」とされるものと審議会等である。このうち「特別の機関」とされているものの多くは、少子化社会対策会議、高齢社会対策会議、子どもの貧困対策会議にみる

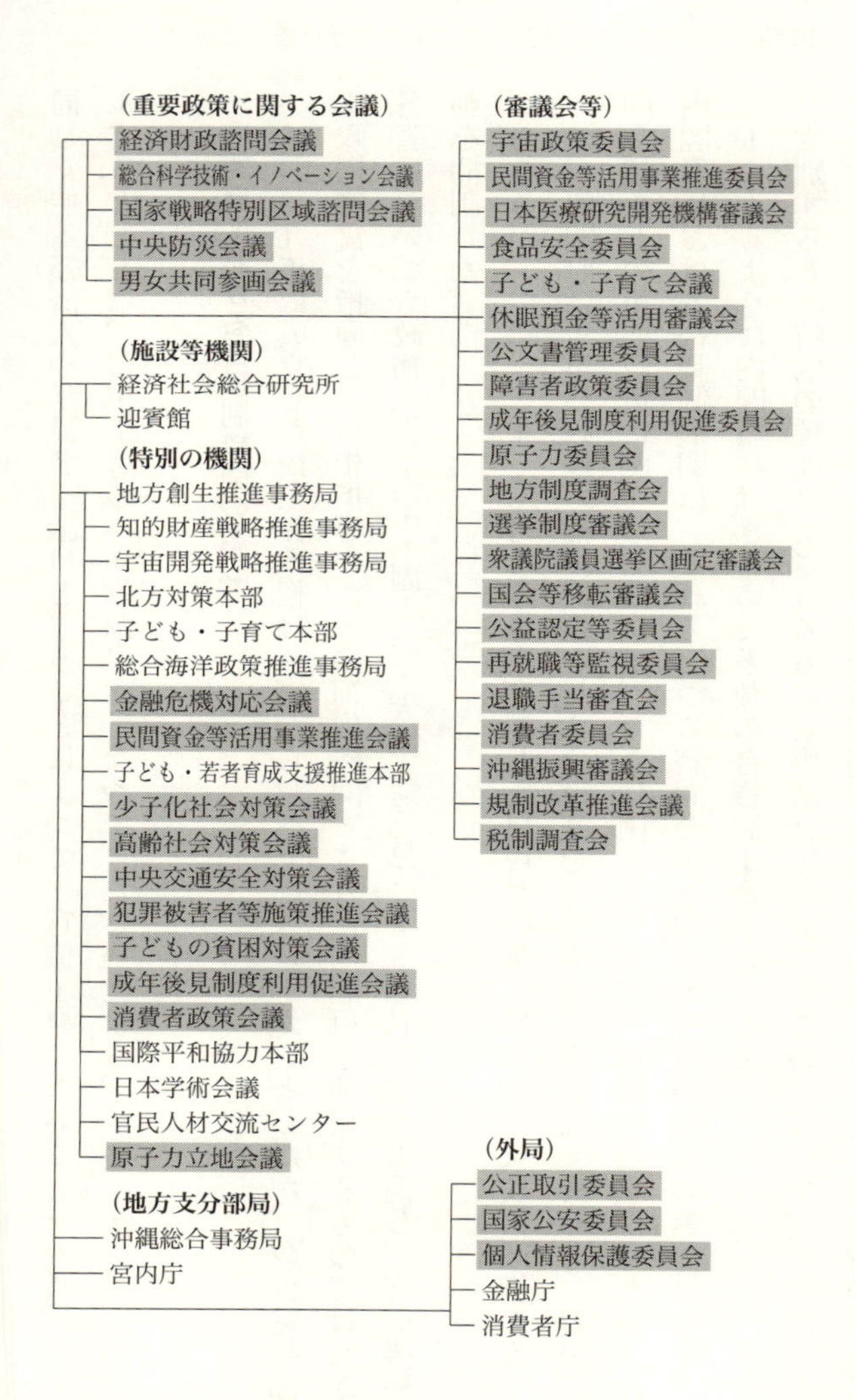

（2017年4月24日現在）

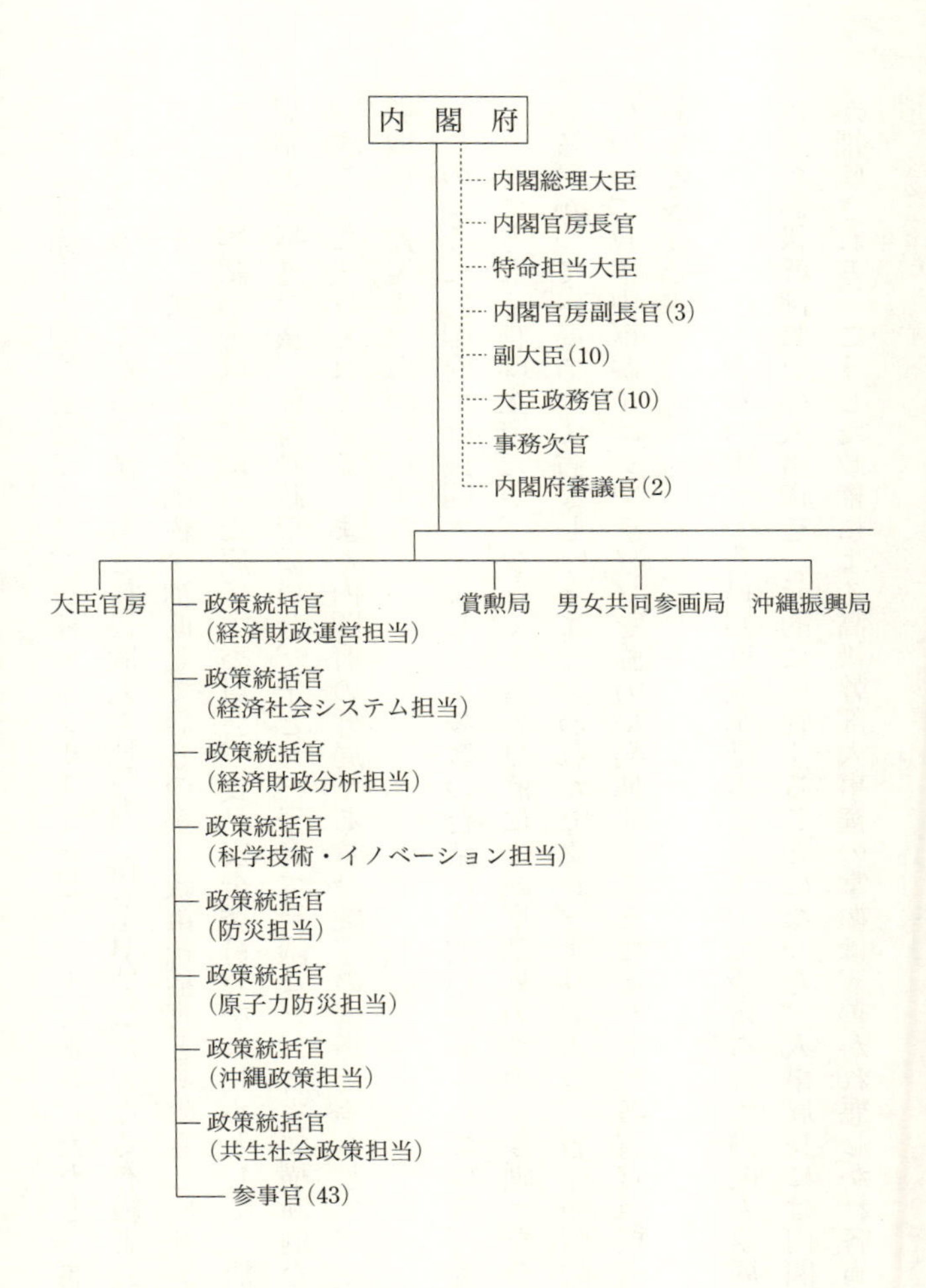

出典：内閣府ホームページより作成

▒▒は合議制機関

図 III-1　内閣府組織図

ように関係(全)閣僚会議であり、一種のインナーキャビネットである。ただし、審議会等との関連でいうと、これら会議のもとに民間人(経営者、研究者など)からなる有識者会議がおかれている。そして、これらを補佐・補助しているのが、政策統括官とそのもとのスタッフである。

一方、審議会等はすでにみた原子力委員会、食品安全委員会をはじめとして、消費者委員会、規制改革推進会議、障害者政策委員会、子ども・子育て会議など、各省に横断的な政策アジェンダごとに設けられている。また内閣府の外局である金融庁の審議会等として、さきにみた証券取引等監視委員会が存在する。

このように内閣府には民間人をまじえた多数の合議制機関が設置されている。委員の人選はいうまでもなく官邸主導だが、少なくとも外見的には政権部外の者の「参画」をひろめた形をとる。かつて「局あって省なし」とまでいわれたセクショナリズムは、省庁横断的な政策課題について政権中枢がイニシアティブを強力に発揮することによって、各省官僚機構の「抵抗」を抑え込んでいる。

しかも、二〇一四年の国家公務員制度改革基本法によって設けられた内閣人事局は、部長級以上の高級幹部職員の人事権を一元的に所管することになった。人事局長には内閣官房副長官が補職される。こうした政権による高級幹部人事権の掌握は、善かれ悪しかれ各省官僚の政権への求心性を高めるといってよいし、政権の側も政策思考を同じくすると思える官僚を内閣官房や内閣府に「一本釣り」している。

原子力規制委員会の設置は、一見するかぎり、原発のシビアアクシデントなる未曽有の事態をうけて行政委員会制度にあらたな存在証明を付与するもののようにもみえる。けれども、政権主導・官邸主導を核とする行政システムのもとにおいて、行政委員会はいまや「強大」な権力を擁する内閣に統轄された多くの合議制機関のひとつにすぎないといっても過言ではないようだ。いい方を換えれば、法的根拠はともかく「政権主導」の名の下に、内閣府に合議制機関が「濫設」されることによって、制度としての行政委員会と他の合議制機関を隔てる垣根は、きわめて低くなっているといえよう。

たとえば、国家公安委員会は、行政委員会とは名ばかりであり委員長を国務大臣とする内閣統轄下の組織である。民間人からなる国家公安委員の会議は、実質的に警察庁の「諮問機関」とすらいえよう。特定秘密保護法や共謀罪を新設したテロ等準備罪の制定をうけて、国家主義に傾斜する政権をささえていくことは眼にみえている。また、公正取引委員会は私的独占の排除による企業間競争の促進と公正取引の確保を使命としている。けれども「成長戦略」として大規模経営統合と企業間の新自由主義的競争が政権の経済政策であるとき、「公正」な市場の監視役とはなりがたいといえよう。

環境省の外局である原子力規制委員会も、原発を基幹エネルギーと位置づけた政権の「成長戦略」から無縁のところに位置しているわけではない。その一端は第II章で述べた委員人事にみることができよう。原子力規制委員会は政権のエネルギー政策をうけて原発の安全規制を担わざるをえない。三・一一シビアアクシデントをまえにして社会が原子力規制委員会に寄せた期待は、当初より多くの制約のもとにあるといってよいのではないか。

3　原子力規制委員会の性格

行政機関の「中立性」と「公平性」

独任制をとる行政機関の長はいうまでもなく国務大臣である。さらに国務大臣を補佐するために複数の副大臣、大臣政務官がおかれている。国務大臣・副大臣・大臣政務官はそれぞれの行政機関における「政治部門」(「執政部」といってもよい)である。この「政治部門」の下に職業行政官からなる官僚機構がおかれている。

「政治部門」はそれぞれの行政機関のミッションに照らして政策・事業などの基本的方向を

官僚機構に指示し、専門能力や情報、技術を活用した原案の作成をもとめる。逆に官僚機構の側があらたな社会的問題事象の発生をうけて解決の政策・施策・事業の案を作成し、政治部門に判断を仰ぎ決裁をもとめる。実際の業務量からいえば、後者が多数を占めるといってよい。

官僚機構はあくまで政治部門の補助・補佐機構であるから、基本的に大臣等の意思に反することはできない。その意味では「独立性」は存在しない。だが、この両者の関係には緊張感を必要とする。政治部門の指示に「唯々諾々」と従うのではなく、原案などの作成においては政治的党派の個別利害による介入から「中立的」でなくてはならない。そして社会の諸利害の対立に配慮するものでなくてはならない。それゆえに原案等の作成にあたっては、社会の利害状況を具体的に反映させるための市民の参画の場が用意されなくてはならない。審議会等やパブリックコメントといった制度は、少なくとも制度理念としては、そのためにある。こうした声をもとにして原案等を専門技術的能力を活用しつつまとめていくことが、官僚機構の使命である。だが、こうした「中立性」や「公平性」を担保するためには、なぜそれを必要とし、どのような結果がえられるのかを、ひろく社会に説明していかねばならない。

行政機関にとってはミッションに照らしたあらたな政策・事業の決定だけが業務ではない。国会で最終的に決裁された法律・予算を実行に移していくことこそ、業務の核心といえる。具体的問題事象にいかに法律等を適用し実行していくかは、職業行政官の仕事である。法律等の執行にあたっては個別事象に適用するための裁量行為を不可避とする。この行政の執行過程にこそ「中立性」と「公平性」がもとめられる。法に規定された対象集団の定義は抽象的であるから、どの集団を対象とするのかにはじまり、サービスや規制の程度が判断される。そこには政治(政党政治)が介入することもある。それらを排除しつつ執行されねばならない。つまりは、「中立性」と「公平性」が重要な行為規範とされねばならない。それは職業行政官の養成・トレーニングのあり方に左右されるが、同時に執行活動を統制・監視する制度が、行政機関の内外に縦横に作られている必要がある。

ところで、こうした行政機関の「中立性」や「公平性」の確保、その意味での政党政治や利益集団の圧力からの「独立性」は、現実にはそれほど容易に確保されるものではない。とりわけ、政党政治がひろく憲法に保障されながらも、政権政党がきわめて強大であり、政権による官僚の政治性を帯びた任用が大手を振っているような状況においては、これらの規範は政権と官僚組織の双方から無視されることになる。こうした「病理」が現代日本の政治に出現しているといってもよいようだ。

原子力規制機関にもとめられる行為規範

ところで、行政機関のかかえるミッションの社会的価値に軽重があるわけではないが、しかしそれにしても、基本的に人間の手による統御がきわめて難しい核物質を燃料とした原子力発電の安全規制は、三・一一シビアアクシデントに如実にみられるように、きわめて困難な課題である。この意味で原子力安全規制を担う行政機関は、多くの規制行政を担っている行政機関と並列的に論じられない重要性を組織の「宿命」としていよう。そこには幾重もの規範とその制度的保障がもとめられる。何よりも重要なのは、市民から高度に信頼をえることのできる制度条件を備えることである。

そのための第一は、原子力規制機関の「独立性」と「中立性」である。ここにいう「独立性」とは、内閣統轄下の行政機関とは異なる、内閣(執政部)からの組織的独立である。民生と軍事の境界がますます曖昧となる政権の原子力政策に左右されずに、原子力安全規制をおこない得る組織的条件を備えていなくてはならない。そして「中立性」は、さきにみた行政機関の「中立性」にとどまらずに、政党政治と利益集団などの意思決定への介入を制度として排除することである。つまり、「独立性」と「中立性」を保障するためには、規制機関の執行部人事への介入を排除することである。執行部の人事案件は、内閣提案とせざるをえないが、内閣はその理由を詳細に説明せねばならない。執行部人事を国会同意案件とするのは当然だが、その審議において国会は原子力規制機関の「独立性」と「中立性」規範を何よりも重視せねばならない。予算については、予算の提出権限をもつ内閣が規制機関の作成した予算に異論がある場合には、明確な理由を付した修正案を原案とともに提示することである。そしてまた規制機関のスタッフの選任にあたって、そのキャリアを精査し特定の政党や利益集団との関係を「遮断」することだ。

第二は、「公開性」である。原子力規制機関の決定は、規制対象との折衝、それを踏まえた意思決定過程の議論を最終決定前に公開し、ひろく市民の意見を聞かねばならない。このためには、機関の意思を明示したうえでの公開ヒアリング、パブリックコメント、報道機関への情報提供、さらに情報公開法制にもとづく積極的な情報開示など多様な制度が整えられ運用される必要がある。

第三は、「専門性」と「市民性」である。原子力発電施設は高度の専門科学・技術的知見の集積から成り立っている。これを先端科学・技術にもとづく装置というのは簡単だが、突き詰めていえば、蒸気を発生させタービンを回し発電しているのであり、このかぎりにおいて「先端性」をもつものではない。問題は核燃料と核分裂反応による熱交換装置が、基本的に人間の手による統御のきわめて難しいことだ。原子力規制機関が、専門科学・技術の衣を厚く纏うことで、「独立性」や「中立性」が維持されていると考えられがちである。だが、原子力安全規制の科学・技術は、市民の感性に敏感でなければならない。それにもとづき専門的知見を絶えず見直すことがもとめられよう。この意味で原子力規制機関の執行部やスタッフは、専門性と市民性を備えていなければならない。アメリカのＮＲＣは独立行政委員会だが、委員は原子力工学などの専門家のみで構成されているわけではなく、科学・技術の社会的有用性や政治性に洞察力をもつ専門家がくわわっている。そのような知の融合がとりわけ原子力規制機関の執行部にもとめられよう。

原子力規制委員会は市民の信頼をえられるか

さて、原子力規制機関の「特異」な性格に照らしてもとめられる規範を考えてきた。市民の信頼をえた行政組織であるためには、さきのような意味での「独立性」と「中立性」を必要とする。さらにそれをささえるための意思決定の高度の公開性、専門性と市民性の重要さを述べた。

原子力規制委員会については、政治家のみならず学識者、マスコミでも「独立行政委員会」

あるいは「独立規制委員会」といった表現が散見される。とはいえ、五人の委員からなる原子力規制委員会を、国家行政組織法第三条にもとづく自立性の高い行政委員会と単純に考えることはできない。

さきにみた原子力規制機関の「独立性」と「中立性」の制度条件は、原子力規制委員会の場合、はなはだ弱体である。繰り返すまでもなく原子力規制委員会は、法的には行政委員会であるが内閣統轄下の環境省の外局である。しかも、近年の日本政治には政権主導による行政機関の統制が際立っている。また五人の委員のキャリアのみならず事務局とされている原子力規制庁幹部人事をみても、「独立性」と「中立性」には多分に疑問がつきまとう。

原子力規制委員会の会議自体は公開されている。だが、五人の委員の合議体は、最終決裁の場なのであって、委員と規制庁幹部との協議や原子力規制庁内部の意思決定はベールに覆われている。

専門性と市民性については、なによりも五人の委員のキャリアが物語っていよう。もちろん、彼らは科学者であるから三・一一がもたらした市民生活の惨状や環境への重大な負荷を認識していよう。だが、その内実は原発の再稼働や老朽原発の寿命延長についての審査にみる以外にない。

このように、原子力規制委員会には多くの疑問が生じるのだが、三・一一シビアアクシデントを「繰り返さない」という至上の命題に向けて、どのように活動しているのだろうか。それを次章で考えていくことにしよう。

第Ⅳ章　原子力規制委員会は「使命」に応えているか

1　新規制基準とは何か

三・一一の「反省」

原子力規制委員会は二〇一三年六月一九日、改正原子炉等規制法にもとづき原子力発電所等の設置許可に関する「新規制基準」を委員会規則として決定した。それは七月八日に施行された。新規制基準は政権も規制委員会も「世界一厳しい基準」と頻繁に語っている。また、次章で述べるように、原発の再稼働を審理した裁判においても、それを高く評価する動きがみられる。政治が一定の時期を明示して原発の全面的廃止を決断しないかぎり、新規制基準は原発再稼働や老朽原発の運転期間延長、新設原発の設置許可の有力な規範として生き続けていくことになる。

原子力規制委員会は新規制基準の策定にあたって国会事故調査委員会や政府事故調査委員会の報告を踏まえつつ、福島のシビアアクシデント以前の安全規制につぎの五点の問題があったとした。

(1) 外部事象も考慮したシビアアクシデント対策が十分な検討を経ないまま、事業者の自主性に任されてきた。
(2)過去に設置許可された原発にさかのぼって最新の科学的・技術的所見にもとづき審査し改良を要求する(「バックフィット」といわれる)法的仕組みはなにもなかった。
(3)日本では、積極的に海外の知見を導入し、不確実なリスクに対して安全の向上を目指す姿勢に欠けていた。
(4)地震や津波に対する安全評価をはじめとして、事故の起因となる可能性のある火災、火山、斜面崩落等の外部事象をふくめた総合的なリスク評価はおこなわれていなかった。
(5)複数の法律の適用や所掌官庁の分散による弊害が著しかった。原子力安全規制は一元的な法体系のもとで実施されることが望ましい。

こうした国会事故調、政府事故調、さらにここでは取り上げられていないが日本再建イニシアティブによる事故原因についての指摘をふくめて、(1)から(4)についてはいずれも妥当であろう。ただし、(5)については評価を留保する必要があろう。割拠的かつ分散的な原子力行政に問題があったことは事実だが、この反省点の指摘が原子力安全規制行政の一元化、いい換えれば、ダブルチェック体制を否定し原子力規制委員会への一元化を意味するならば、妥当とはいい難いであろう。この点については、のちに詳しく論じることにする。

ともあれ、原子力規制委員会がこれら(1)から(4)の指摘を踏まえた新たな規制基準を作成するのは当然である。ただし、これらの指摘はいずれも「国策民営」「経済成長至上主義」にもとづきすすめられた原発開発の欠陥だったのだ。原子力規制委員会は国家行政組織法第三条にもとづく行政委員会ではあるが、中央政府機関の一員であり、第Ⅱ章、第Ⅲ章でみたような組織構造にある。とするならば、こうした反省点が新規制基準にどのように具体化され、また原発の再稼働や老朽原発の運転延長の審査に適用されているかが、問われることになる。

原子炉等規制法の改正と新規制基準

原子力規制委員会設置法の附則において原子炉等規制法が改正された。その要点は、①シビアアクシデント対策を義務化したこと、②バックフィット制度を既存の原発にも義務づけたこと、③電気事業法による実用原子炉の運転段階における規制を廃止し原子炉等規制法による規制に改めること、④原発の運転期間を四〇年間とすること、ただし例外的に最大二〇年間の延長を一回にかぎり認める、にある。

改正原子炉等規制法は原子力規制委員会設置後一〇カ月以内(一部は一年三カ月以内)で政令に定める日に施行されるとしていたから、原子力規制委員会は同法の施行のまえに新たな規制基準を策定する必要がある。そのために原子力規制委員会は、(1)「発電用軽水型原子炉の新安全基準に関する検討チーム」(担当委員・更田豊志)、(2)「発電用軽水型原子炉施設の地震・津波に関わる新安全設計基準に関する検討チーム」(担当委員・島崎邦彦)、(3)「発電用原子炉施設の新安全規制の制度整備に関する検討チーム」(担当委員・更田豊志)の三つの検討チームを設けた。これらはいずれも二〇一二年一〇月から一一月に検討を開始した。それぞれの検討チームのメンバーは表Ⅳ－1のとおりだ。いずれも原子力規制委員会の委員は一名であり、外部専門家、原子力規制庁職員、原子力安全基盤機構(JNES)職員がくわわっている。とりわけシビアアクシデント対策を中心課題とする(1)には、第Ⅱ章でみた原子力安全・保安院から原子力規制庁に異動した幹部職員がメンバーとなっている。

それでは、改正原子炉等規制法は、どのように新規制基準に反映されているだろうか。シビアアクシデントとは設計基準を超える過酷事故を意味している。シビアアクシデント対策の義務化というが、原子炉の崩壊、核燃料の溶融、放射性物質の大量放出というシビアアクシデントの起因は複合的であり単一の対策があるわけではない。東電福島第一原発は、大津波の襲来前に巨大地震動によって原子炉そのものが損傷したとの見解もある。それを否定できないが、巨大地震・大津波によって発電所の外部電源の喪失、所内電源の喪失、原子炉の冷却不能、炉

表 IV-1　新規制基準策定検討チームメンバー(発足時)

(1)発電用軽水型原子炉の新安全基準に関する検討チーム(2012 年 10 月 19 日)

担当委員	更田豊志(原子力規制委員会委員)
外部専門家	阿部豊(筑波大学大学院教授) 勝田忠広(明治大学法学部准教授) 杉山智之(日本原子力研究開発機構安全研究センター燃料安全研究グループ研究主幹) 山口彰(大阪大学大学院教授) 山本章夫(名古屋大学大学院教授) 渡邉憲夫(日本原子力研究開発機構安全研究センター研究主席)
原子力規制庁	櫻田道夫(審議官) 安井正也(緊急事態対策監) 山形浩史(重大事故対策基準統括調整官) 山田知穂(技術基盤課長) 山本哲也(審議官)
原子力安全基盤機構	阿部清治(技術参与) 梶本光廣(原子力システム安全部次長) 平野雅司(総括参事) 舟山京子(原子力システム安全部放射線・水化学グループリーダー)

(2)発電用軽水型原子炉施設の地震・津波に関わる新安全設計基準に関する検討チーム(2012 年 11 月 19 日)

担当委員	島崎邦彦(原子力規制委員会委員)
外部専門家	釜江克宏(京都大学原子炉実験所附属安全原子力システム研究センター教授) 高田毅士(東京大学大学院工学系研究科教授) 谷和夫(防災科学技術研究所減災実験研究領域兵庫耐震工学研究センター研究員) 谷岡勇市郎(北海道大学理学研究院地震火山研究観測センター教授) 平石哲也(京都大学防災研究所附属流域災害研究センター教授) 和田章(東京工業大学名誉教授)
原子力規制庁	名雪哲夫(審議官)
原子力安全基盤機構	高松直丘(耐震安全部次長)

(3)発電用原子炉施設の新安全規制の制度整備に関する検討チーム（2012年11月20日）

担当委員	更田豊志（原子力規制委員会委員）
外部専門家	飯塚悦功（東京大学大学院工学系研究科上席研究員） 勝田忠広（明治大学法学部准教授） 越塚誠一（東京大学大学院工学系研究科教授） 杉本純（京都大学大学院工学研究科教授） 山口恭弘（日本原子力研究開発機構原子力科学研究所放射線管理部部長） 米岡優子（品質保証システム第三者認証機関元役員） 渡邉憲夫（日本原子力研究開発機構安全研究センター研究主席）
原子力規制庁	山本哲也（審議官） 山田知穂（技術基盤課長） 小川明彦（安全規制調整官） 浦野宗一（安全規制調整官）
原子力安全基盤機構	平野雅司（総括参事） 新田見実雄（技術参与） 木口高志（技術参与）

心損傷と核燃料の溶融、水素の発生と漏洩、水素爆発といった重大事態の進展をもたらしたのも事実だ。政府の原子力規制機関と東京電力は地震動による原子炉等の損傷を軽視し、かつ巨大津波への防護を怠ったのであり、それがシビアアクシデントの起因であるといえよう。

シビアアクシデントの重要な起点が、原発操作員の運転ミスではなく、巨大地震と巨大津波にあるとするならば、原発プラントの安全規制の原点は、地震の発生可能性、津波のみならず火山爆発、竜巻、森林火災などの自然現象の発生可能性をいかに判断し、有効な対策を講じるかだ。三・一一以前の原発訴訟、近年の原発再稼働をめぐる訴訟における重要な争点もまさにそこにある。

新規制基準の概要

①地震動と新規制基準

原子力安全委員会が安全設計審査指針を補完する形で耐震設計審査指針を定めたのは一九八一年だった。その後、一九九五年一月の阪神・淡路大震災の発生にともない耐震設計審査指針の改訂が議論されるが、具体化されなかった。原子力安全委員会は二〇〇六年九月一九日になって、新たな耐震設計審査指針を決定した。地震に関する最大の争点は活断層の存在である。この二〇〇六年の耐震設計審査指針は、活断層の活動性評価の期間を従前の五万年前から一二万〜一三万年前に拡大するとした。だが、敷地内に活断層があっても原子炉建屋の真下でなければ設置許可されてきた。

新規制基準はこの耐震設計審査指針を踏まえて、「将来活動する可能性のある断層等は、後期更新世以降(約一二〜一三万年前以降)の活動が否定できないものとし、必要な場合は、中期更新世以降(約四〇万年前以降)まで遡って活動性を評価することを要求」するとした。これは従来の基準とされてきた後期更新世以降の活動性評価をより強化するものと説明されている。

また、活断層が動いた場合に建屋が損傷し、内部の機器等が損傷する恐れがあるから、耐震設計上の重要度Sクラスの建物・構築物等(原子炉圧力容器等)は、活断層等の露頭(表土に覆われず直接露出していること)がない地盤に設置することを要求するとした。だが、これはあまりにも当然のことであり、明文上の規制基準とされなかったことに驚く以外にないだろう。

さらに原子力発電所の敷地の地下構造により地震動が増幅される場合があることを踏まえて敷地の地下構造を三次元的に把握することを要求するとした。

②津波評価と対策

津波に対する評価は、三・一一以前にもおこなわれていたが、東電福島第一原発については東電内部で一五メートル超の津波予測がなされていたにもかかわらず、なんら対策がとられなかったとのきびしい批判がある。新規制基準では過去最大の津波を上回る津波を「基準津波」とし、その到達・流入を防ぐための防潮堤等の津波防護施設を設置することを要求するとされた。また津波防護施設は地震によって浸水防止機能を喪失しないよう、原子炉圧力容器と同様の耐震設計上最も強固なSクラスを要求するとされた。

③火山の噴火、火砕流、竜巻などの自然現象の想定と対策の強化

地震と津波への備えは三・一一の惨禍が生々しいゆえに新規制基準でより強い取り組みがもとめられているが、その他の自然現象も無視できないし、現に川内原発の再稼働にたいして住民から火山の噴火と火砕流、火山灰への危惧が表明されている。新規制基準は「その他の自然現象の想定と対策を強化」するとして、「火山・竜巻・森林火災について想定を大幅に引き上げた防護対策を要求」するとしている。火山については「半径一六〇キロメートル圏内の火山を調査し火砕流や火山灰の到達の可能性、到達した場合の影響を評価し、予め防護措置を講じることを要求」するとした。

④シビアアクシデント対策

新規制基準は、以上のような地震、津波をはじめとした自然現象による原発の崩壊防護対策をしめしたうえで、いわゆるシビアアクシデント対策を、炉心損傷防止対策、格納容器破損防止対策、敷地外への放射性物質の拡散抑制対策、意図的な航空機衝突などへの対策(テロ対策)などを表Ⅳ－2のようにしめした。従来、これらの対策が電力会社の自主的対策とされていたことからいえば評価してよいであろう。だが、独立の外部電源を二回線設けるといったある意

表IV-2　新規制基準の主な要求事項

共通要因による安全機能の喪失を防止(シビアアクシデントの防止) ──→従来の対策は不十分	大規模な自然災害への対応強化	地震・津波の想定手法を見直し
		津波浸水対策の導入
		火山・竜巻・森林火災も想定
	火災・内部溢水・停電などへの耐久力向上	火災対策の強化・徹底
		内部溢水対策の導入
		外部電源の信頼性向上
		所内電源・電源盤の多重化・分散配置
		モニタリング・通信システム等の強化
万一シビアアクシデントが発生しても対処できる設備・手順の整備 ──→これまで要求せず	炉心損傷の防止	原子炉の停止対策の強化
		原子炉の減圧対策の強化
		原子炉への注水・除熱対策の強化
		使用済燃料プールへの注水対策の強化
	格納容器の閉じ込め機能等の維持	格納容器の破損防止対策の強化
		建屋等の水素爆発防止対策の導入
	放射性物質の拡散抑制	放射性物質の拡散抑制対策の導入
	指揮所等の支援機能の確保	緊急時対策所
テロや航空機衝突への対応(上記の対策と共通性あり) ──→これまで要求せず	原子炉建屋外設備が破損した場合等への対応	原子炉から100m離れた場所に電源車等を保管．更なる信頼性向上対策として常設化(特定重大事故等対処施設)

出典：原子力規制委員会「実用発電用原子炉に係る新規制基準について──概要」より作成

表IV-3　核燃料施設等に係る新規制基準のポイント

1. 取り扱われる核燃料物質の形態や施設の構造が多種多様であることから，それらの特徴を踏まえて，施設毎に基準を策定(いわゆる graded approach)
2. 多重防護の考え方に基づく対策を要求
3. 再処理施設及び加工施設については，「重大事故」対策に係る基準を整備
4. 試験研究用原子炉施設については，事故時に及ぼす影響の大きさに応じて，「設計基準事故に加えて考慮すべき事故」への対策を要求
5. 廃棄物埋設施設については，管理期間中の適切な管理及び定期的な評価，管理を終了する段階における安全性の評価を要求するなど，後段規制における管理を強化
6. 基準の策定に当たっては，IAEAの安全要件等に示された考え方を取り入れたほか，各国の規制基準を参考にした

出典：原子力規制庁「核燃料施設等に係る新規制基準の概要について」より作成

味できわめて「初歩的」な規制すらおこなわれていなかったことは、驚くべきことといわねばなるまい。

原子力規制委員会は、こうした「実用発電用原子炉に係る新規制基準」とは別に、「核燃料施設等に係る新規制基準」を定めた。これは取り扱われる核燃料物質の形態や施設の構造が多種多様であるから、施設ごとに基準を策定するとした(表IV－3)。ただし、試験研究用原子炉施設については、事故時におよぼす影響の大きさに応じて設計基準事故(起因や発生確率の高低を問わず、いつ起きても自動的に対処できなければならない事故)にくわえて考慮すべき事故への対策を要求するとしている。

以上の新規制基準は二〇一三年七月八日に施行されたが、原子力規制委員会は施行にあたって「福島第一原発事故の教訓を踏まえて必要な機能(設備・

手順）は全て、平成二五年〔二〇一三年〕七月の新規制基準の施行段階で備えていることを要求」するとした。これは改正原子炉等規制法が定めたバックフィットの義務化を意味し、旧基準に照らして審査された原発も、新基準が要求する内容を満たす必要が生じた。だがその一方で、「信頼性を向上させるバックアップ施設は、新規制基準の施行段階で必要なシビアアクシデント対策等に係る工事計画の認可から五年後までに備えていることを要求」するとした。つまり、ここでいっているバックアップ施設である緊急時対策所は、再稼働から五年以内に建設すればよいことになる。この緊急時対策所とは、福島第一原発の過酷事故で頻繁に報道された「免震重要棟」と機能的に同義であり、アクシデントマネジメントの現地指揮所のことであるが、免震構造であることは義務づけられていない。

新規制基準対象外の多数基立地と地域防災計画

新規制基準は法令規制としてみればフクシマの事故を教訓に過酷事故対策を強化したものといえよう。だが、それが原発の安全規制として有効かどうかは、なお議論が分かれている。このことは追々みていくことにしよう。

そのまえに指摘しておきたいのは、新規制基準が同一敷地内に複数の原子炉を設置しているような状況(多数基立地)に何らの規制もくわえていないことだ。たとえば東電柏崎刈羽原発の場合七基、福島第一の場合六基である。同一敷地内に四基は常態となっている。しかも二つの市町村にまたがっているケースもある。実際、柏崎刈羽原発は名称の通り柏崎市と刈羽村にまたがっており、福島第一は大熊町と双葉町にまたがって建設された。

多数基立地は、一基建設してしまえば、その後の建設同意の調達が電源三法交付金や固定資産税、法人事業税などの増収を手段(誘因)として「容易」であった結果である。だが、自然現象による原子炉の損傷にくわえて人為的破壊行為(テロ等)による原子炉の崩壊を想定するならば、福島第一原発の過酷事故からも分かるように人的資源の投入には限界があり、収拾のつかない事態を生み出さざるをえないのだ。

政府は『原子力安全に関するIAEA閣僚会議に対する日本国政府の報告書――東京電力福島原子力発電所の事故について』(二〇一一年六月)において、「今回の事故では、複数炉に同時に事故が発生し、事故対応に必要な資源が分散した。また、二つの原子炉で設備を共用していたことやそれらの間の物理的間隔が小さかったことなどのため、一つの原子炉の事故の進展が隣接する原子炉の緊急時対応に影響を及ぼした」と、多数基立地の欠陥を認めている。多数基立地はきびしく規制されるべきだし、新規制基準にくわえられるべきではないか。

もう一点は新規制基準が原発立地自治体と周辺自治体の避難計画の策定と審査を原発の安全規制の要件としていないことだ。これものちに詳しく論じるが、原子力災害対策特別措置法(一九九九年)および災害対策基本法(一九六一年)は、都道府県・市町村に地域防災計画の策定をもとめている。だが、原発立地自治体はもとより周辺自治体(どの範囲とするか自体重要問題である)の地域防災計画は、新規制基準の対象ではない。田中俊一・原子力規制委員会委員長は、新規制基準への「適合性」が審査の眼目という。だが、シビアアクシデント対策が新規制基準の重要目標というならば、住民の避難計画の実効性をふくめた地域防災計画の審査をせずに原発再稼働や老朽原発の寿命延長にゴーサインを出すのは、画龍点睛を欠くといえるのではないか。

2　新規制基準による適合性審査

(1)　疑義を深める再稼働認可——大飯原発三・四号機

三・一一後、最初の再稼働

関西電力大飯原発は加圧水型軽水炉(ＰＷＲ)による一号機から四号機で構成されている。一号機(出力一一七・五万キロワット)が運転を開始したのは一九七九年三月二七日、二号機(同一一七・五万キロワット)のそれは七九年一二月五日である。いずれも改正原子炉等規制法のいう「老朽原発」の部類に入る。三号機(同一一八万キロワット)の運転開始は一九九一年一二月一八日、四号機(同一一八万キロワット)のそれは九三年二月二日である。三・一一時点で二号機から四号機は通常運転中であり、一号機は定期検査中だったが、三・一一前日に通常運転に向けて調整運転をおこなっていた。

三・一一時点において通常運転中であった全国の原発は、順次定期検査に入り操業を停止した。当時の民主党政権、とりわけ経産省は、夏場の電力需要の増大を見込んで原発の再稼働を指向していた。海江田万里経産相のもとの原子力安全・保安院は二〇一一年三月三〇日に「緊急安全対策」を事業者に指示した。これは電源車の配置等の代替電源対策、最終ヒートシンク対策(冷却水の熱を海、河川、大気中に放出すること)からなっていた。海江田経産相は「緊急安全対策」にもとづく対策が講じられた原発にたいして「安全宣言」を出し、再稼働を認めようとした。

だが、社会的に大きな不安の声が上がった。菅直人首相は二〇一一年七月六日、衆院予算委員会で全原発にたいするストレステストを実施する用意があると発言する。そして七月一一日に政府はストレステストの導入を決定した。第一次評価は停止中の原発についておこない、重要機器を対象として基準にたいする安全度の余裕を評価するとともに、燃料の損傷にいたるまでの弱点を明らかにするものとされた。第二次評価は原発施設全体を対象として、地震と津波の襲来、それらによる電源の喪失が重なった場合も想定し、どこまで耐えうるかを評価するとともに、緊急時の手順やアクシデントマネジメントの組織体制も考慮するとされた。

ところで、ストレステストは福島のシビアアクシデントをうけてEUが実施したものだが、定期点検のように器具・装置そのものを具体的に点検するものではない。評価項目を決めて原発の弱みや安全余裕の数値を動かしコンピューターでシミュレーションするものである。しかも、この段階で評価基準となる安全設計審査指針や耐震設計審査指針は、当然三・一一以前のものだ。これらの指針が有効でなかったことがシビアアクシデントをもたらしたのであり、それらを評価基準とするのは不適切、しかも電力会社によるストレステストは「お手盛り」となるとの批判が、当初よりうまれたのも当然である。

関西電力は二〇一一年一〇月二八日に大飯原発三号機の、一一月一七日に四号機のストレステスト第一次評価を原子力安全・保安院に提出した。それは設計上の想定より一・八倍大きい地震や四倍大きい一一・四メートルの津波に襲われても炉心の損傷には至らず、全交流電源が喪失し熱の逃がし場がなくなった場合でも、炉心は一六日間、使用済核燃料は一〇日間損傷までに余裕がある、とするものだった。

関電のストレステストについて原子力安全・保安院は、二〇一二年二月一三日に「妥当」との審査書を発表し、原子力安全委員会も二月二三日にそれを追認した。この一方で、原子力安全・保安院は二月一六日にシビアアクシデント対策を三〇項目にまとめた中間報告を公表した。関電のストレステスト結果と原子力安全・保安院の「三〇項目」を踏まえて野田佳彦首相、枝野幸男経産相、細野豪志原発事故担当相、藤村修官房長官の関係閣僚協議は、四月一三日に大飯原発三・四号機が安全基準を満たしているとして再稼働を決定した。大飯原発三・四号機は、三・一一後初の再稼働原発として二〇一二年七月五日に三号機が、二一日には四号機が発送電を開始した。こうして、すべて停止した日本の原発は、三・一一からわずか一年四カ月で再稼働しはじめた。

福島のシビアアクシデント後の再稼働第一号となった大飯原発三・四号機については、福井県の住民が二〇一二年一一月に「安全が確認されていない」として、福井地裁に運転差止の訴訟を起こした。福井地裁(裁判長・樋口英明)は二〇一四年五月二一日、二基の再稼働を認めない判決を下した。関西電力は名古屋高裁金沢支部に控訴し訴訟は継続中である。それはともあれ、大飯原発三・四号機は、訴訟中の一三年九月に定期検査に入り運転を停止した。

関西電力はそれに先立つ一三年七月八日に、二基の原発の再稼働に向けて原子力規制委員会に新規制基準による適合性審査を申請した。

以上が、民主党政権による大飯原発三・四号機の再稼働にいたる経緯である。この民主党政権の大飯原発にたいする対応は、「なぜ、これほど急ぐ必要があるのか不可解」、「無責任」との批判を呼び起こした。実際、原発推進の「牙城」ともいうべき原子力安全・保安院、つづいて原子力安全委員会が、関西電力のストレステストの結果を「妥当」としたのは、二〇一二年二月一三日、同月二三日である。これは福島のシビアアクシデントから一年もたっておらず、事故原因などまったく解明されていなかった。民主党政権はあらたな原発規制機関を創設すると宣言していたのだから、新規制機関に審査にゆだねるべきだったろう。これは今日なお尾を引いている問題だが、民主党は、いったい、原発の存在をどのように考えていたのか、説明責任を果たしているとはいえないであろう。

原子力規制委員会による再稼働審査・基準地震動の疑義

関西電力は二〇一三年七月八日に大飯原発三・四号機の再稼働に向けて原子力規制委員会に

新規制基準への適合性審査を申請した。事業者は改正原子炉等規制法ならびに新規制基準にもとづきバックフィットを実施し、原子炉等の設置変更許可申請を原子力規制委員会に提出して委員会の審査をうけねばならない。設置変更許可とは、原子力規制委員会が既存原発の原子炉をはじめ関連施設が新規制基準に適合していると判断し下した行政処分であり、これによって既存原発は改めて設置(稼働)の法的根拠をえることになる。原子力規制委員会は、二〇一七年二月二二日に、大飯原発三・四号機が新規制基準に適合しているとして、事実上審査を終了した。そして、規制委員会はパブリックコメント実施後の二〇一七年五月二四日に、これらの原発の再稼働を正式に認めた。

この審査において最大の焦点となったのは地震・津波の予測と対策である。関西電力の予測は若狭湾のFO—A、FO—Bと呼ばれる二つの活断層の連動による敷地の地震動(加速度)を最大七〇〇ガルとするものだった。だが、原子力規制委員会は周辺の連動する活断層を右の二つにくわえて熊川断層の三断層とし、関西電力に再計算をもとめた。その結果、敷地の地震動を八五六ガルとする関西電力の想定を「基準地震動」として承認した。関電はこれにともなう一二〇〇カ所余の配管等の補修工事に着手した。

ところが、原子力規制委員会が基準地震動として承認した八五六ガルにたいして、二〇一四年九月まで規制委員会委員長代理を務めた地震学者の島崎邦彦は、二〇一六年六月一六日に田中俊一委員長らとの意見交換の場で「過小評価の可能性が高い」と指摘した。原子力規制委員会委員長らが島崎との意見交換の場をもったのは、島崎が福井地裁による大飯原発三・四号機の「運転差止」判決(二〇一四年五月二一日)にたいして関西電力が控訴した名古屋高裁金沢支部の審理に、住民側の要請に応じて意見陳述書を提出したためといわれる。島崎は田中俊一委員長に、関西電力が用い原子力規制委員会も依拠している「入倉・三宅式」とよばれる計算式では、震源の大きさが三分の一から四分の一程度の小さな値になるとし、再計算の必要性を指摘した。

「過小評価の可能性」の指摘

島崎邦彦は「過小評価の可能性」について論文「最大クラスではない日本海「最大クラス」の津波」(『科学』二〇一六年七月号)において詳しく論じている。要点はつぎのとおりだ。

日本海西部、より詳しくは能登半島以西の津波は垂直な断層、あるいは垂直に近い断層によって発生する。逆に日本海東部のほとんどの断層は斜めに傾いており、縦ずれの動きが大きい。長さが同じ断層でも、斜めに傾いていれば断層の幅は大きくなり、断層面積も大きくなる。入倉・三宅式によると断層面積が小さいほど「震源の大きさ」（地震モーメント）が小さくなる。同じ長さの断層でも、垂直の場合に入倉・三宅式は最小の「震源の大きさ」となり、断層の傾きが水平に近くなるほど大きな「震源の大きさ」を与える。

仮に入倉・三宅式が正しいとするならば、日本海西部の地震モーメントは小さくなり津波も小さくなるが、どの提案式が最もよいかは、実際の値と比べなければ分からない。ところが、これまで提案されている式は、地震発生後に得られた情報にもとづいている。断層面積と「震源の大きさ」との関係式、あるいは断層の長さと「震源の大きさ」の関係式をもとめるのに用いられたデータは、地震発生後に得られた情報であり、地震発生前に知られていた情報ではない。事前に推定された（であろう）断層の長さを用いて、実際に日本で発生した地震の「震源の大きさ」を推定してみると、入倉・三宅式にもとづく推定が過小評価となる結論が得られた。

だが、事前の断層の長さについての推定には主観が入る可能性がある。そこで、一八九一年濃尾地震、一九三〇年北伊豆地震、二〇一一年福島県浜通りの地震の三例をとりあげ、入倉・三宅式、武村式、山中・島崎式のそれぞれから推定される地震モーメントと実際値を比較する。その結果、山中・島崎式を妥当とすれば、入倉・三宅式はこれによってもあきらかに過小評価であり実現値の三・五分の一程度だ。

こうして、島崎は国がいう日本海「最大クラス」の津波は、日本海西部では最大クラスではない、その原因は垂直、あるいは垂直に近い断層にたいして入倉・三宅式を用いたため地震モーメントが三・五分の一程度に過小評価されているためであると結論づけた。

再々計算を拒否した原子力規制委員会

この島崎の論考は入倉・三宅式の「欠陥」をじつに分かりやすく証明している。原子力規制委員会・原子力規制庁は、島崎の推論に異論があったようだが、報道の大きさに促されるかのように再計算をおこなった。その際に原子力規制委員会が用いたのは、「入倉・三宅式」ではなく「武村式」であった。その結果は最大で六四四ガルであるとされた。規制委員会は一六年七月一三日にこの計算結果をもとに、基準地震動の設定が八五六ガルであるから再計算の結果でも新規制基準を満たすとした。

島崎邦彦は規制委員会の再計算結果にたいして記者会見を開き、「関電と同様の設定で計算すべきなのにされていない」「補正したうえで「不確かさ」を加味すれば、結果は推定で最大一五〇〇ガルとなる」とした。つまり、規制委員会は「武村式」を用いて再計算したが、関電による「入倉・三宅式」による推計と断層の形状や大きさが同一でない。それを同じに設定したうえで「武村式」で計算し、さらに断層面の角度や断層のなかでも強い揺れを起こす箇所があるといった「不確かさの考慮」を上乗せすれば、基準地震動は最大一五〇〇ガルと推定されるとしたのである。一五〇〇ガルはさきにみたストレステストで関電が炉心冷却を確保できなくなる下限値とした一二五〇ガルを上回る(「毎日新聞」二〇一六年七月二五日)。しかし、原子力規制委員会は再々計算することなく、基準地震動八五六ガルが過小評価でないとして再稼働の承認に向かった。

これは名古屋高裁金沢支部での控訴審の最大の焦点となるであろう。「世界一厳しい基準」とはいうものの、計算式や変数をどのようにとるかによって計算結果は異なる。三・一一以前においても基準地震動の計算はおこなわれてきた。シビアアクシデント発生後の「想定外」は二度と繰り返されてはなるまい。

地震の想定と連動する津波について関西電力は当初、最大二メートル八五センチを申請書に記したが、原子力規制委員会は六メートル三〇センチへの変更をもとめた。これにともない、現存する海抜六メートルの防護壁とは別に海抜八メートルの防護壁が建設されることになった。だが、これも基準地震動の設定が錯誤であるならば、防護壁は役立つとはいえないであろう。いわゆるシビアアクシデント対策としては新規制基準にしたがう形で消防車や電源車などによる原子炉冷却機能の充実、電源の多重化などが一揃い整えられている。だが、さきにも述べたようにシビアアクシデントの起因が運転員の操作の誤りでないならば、地震・津波の予測に関する科学的判断のあり方が、新規制基準が「世界一厳しい基準」であるか否かを決定するといえよう。

（2）老朽原発の再稼働——高浜原発一・二号機

「例外中の例外」なのか

二〇一三年七月八日に施行された改正原子炉等規制法第四三条の三の三二第一項は、「発電用原子炉設置者がその設置した発電用原子炉を運転することができる期間は、当該発電用原子炉の設置の工事について最初に第四十三条の三の十一第一項の検査に合格した日から起算して四十年とする」と定めた。ただし、第二項で「前項の期間は、その満了に際し、原子力規制委員会の許可を受けて、一回に限り延長することができる」とし、つづく第三項で「前項の規定により延長する期間は、二十年を超えない期間であって政令で定める期間を超えることができない」とした。

改正前の原子炉等規制法には、原発の運転期間に関する規定はなんら存在しなかった。ただし、原子炉の耐用年数は、原子炉圧力容器が中性子の照射によって劣化することから三〇年から四〇年と想定されてきた。法的に原子炉の運転期間を四〇年としたのは、もちろん福島のシビアアクシデントをうけてのことであり、原子炉等規制法の改正を議論した民主党政権の原発事故担当相である細野豪志が述べたように、運転延長はあくまで「例外中の例外」であり、運転期間はさきの条文がいうように四〇年が基本だ。同時にまた、この「四〇年ルール」を厳格に運用するならば、福島のシビアアクシデント時に存在した五四基の原子炉は順次廃止されることになる。当時の民主党政権にその見取り図があったとはいえないし、政権を奪還した安倍晋三政権には、そのような指向性などまったく存在しないであろう。けれども脱・反原発市民運動には「四〇年ルール」の厳守化にたいする期待は大きい。それだけに、原子力規制委員会の委員の専門的知見とその社会的責任が問われているのだ。

関西電力高浜原子力発電所は、ＰＷＲ型原子炉による四基の原発施設を有している。三・一一直前の二〇一一年一月一〇日、一号機は定期点検のため運転を停止した。つづけて七月二一日に四号機が定期点検で運転停止、一一月二五日に二号機、翌一二年二月二〇日に三号機が運転を停止した。この三号機は二〇一〇年一二月にプルサーマル計画にもとづき原子炉にＭＯＸ燃料が装荷され、一一年一月二一日からプルサーマルによる営業運転を開始していた。

二〇一三年七月八日に新規制基準が施行されたのはさきに述べたが、関西電力は同日に高浜三・四号機について設置変更許可申請書を原子力規制委員会に提出し、新規制基準への適合性について審査をもとめた。原子力規制委員会は、二〇一五年二月一二日に、三・四号機が新規制基準に適合しているとの審査結果をだした。

一方で、二〇一四年一二月五日、住民らは三号機ならびに四号機の再稼働の差止をもとめる仮処分を福井地裁に申請した。福井地裁は二〇一五年四月一四日、三号機、四号機の再稼働を認めない仮処分を決定した。これは原子力規制委員会による新規制基準に適合との判断後、司法が下した初めての決定だった。だが、関西電力の異議申立にもとづく異議審において福井地裁は再稼働差止の仮処分を停止し、一六年一月と二月に三号機、四号機は再稼働した。ところが、滋賀県を中心とする住民は、大津地裁に高浜原発三・四号機の運転停止の仮処分を申請し、大津地裁は関西電力に運転停止の仮処分決定を命じた。だが関西電力の異議申立をうけた大阪高裁は、大津地裁の仮処分決定を取消した。これらの司法判断については次章で論じる。

初の老朽原発の運転延長認可

ところで、関西電力は高浜原発三・四号機が新規制基準に適合しているとの原子力規制委員会の決定後の二〇一五年三月一七日に、一号機および二号機の設置変更許可申請書を提出し新規制基準への適合性について審査をもとめた。つづけて同年四月三〇日に運転期間延長認可の審査を申請した。高浜原発一号機は一九七四年一一月一四日に運転開始(出力八二・六万キロワット)、二号機は一年後の七五年一一月一四日に運転開始した(出力は一号機に同じ)。運転延長認可申請の時点で一号機は四〇年を超えており、二号機も四〇年弱である。改正原子炉等規制法のさきの規定からいえば、いずれも廃炉となる。

ところが、「四〇年ルール」には経過措置が設けられた。原発の寿命である「四〇年」とは、新規制基準の施行日(二〇一三年七月八日)から起算して三年を経過する日(二〇一六年七月七日)とされた。逆にいうならば、二〇一六年七月七日までに運転延長認可がでないならば廃炉となる。この経過措置が適用されたのは高浜原発一号機、二号機をふくめて七基だが、敦賀一号機、美浜一号機、二号機、島根一号機、玄海一号機の五基は事業者が廃炉措置を申請した。また伊方一号機については電気事業法にもとづき廃止が届けられた。関西電力美浜三号機には経過措置は適用されず運転期間は二〇一六年一一月三〇日までとされた(美浜三号機について原子力規制委員会は一六年一一月一六日に最長二〇年の運転延長を認めた)。

さて、高浜原発一号機と二号機の運転延長審査の結論をさきにいえば、いずれも二〇年の運転延長が二〇一六年六月二〇日に原子力規制委員会によって認可された。この結果、一号機は二〇三四年一一月一三日まで、二号機は二〇三五年一一月一三日まで運転可能であり、いずれも六〇年間の運転ができることになった。この老朽原発の運転延長は、改正原子炉等規制法ならびに原子力規制委員会設置法制定後初めてのケースだ。なぜ、「例外中の例外」を認めたのか。政治的含意についてはのちに述べることにするが、審査結果についての疑問も少なくない。

審査結果は妥当なのか

関西電力はさきに触れたように高浜原発一号機と二号機について新規制基準への適合性審査を申請した。それは運転期間延長の認可に先立つ一六年六月一〇日に、新規制基準に適合しているとして設置変更許可されている。この設置変更許可と運転期間延長認可とはいうまでもなく一体性をもつ。大飯原発三・四号機の再稼働の重要な焦点は基準地震動と津波だったが、高浜一号機、二号機についてもまったく同じことがいえよう。

高浜原子力発電所の周辺活断層について関西電力は、FO—A、FO—B断層の二連動として基準地震動を五五〇ガルとして申請した。これにたいして規制委員会は、この二つの断層と熊川断層との間に断層の有無が不明瞭な区間が相当あり、連動を否定できないとして三断層の連動として基準地震動を評価するのが妥当であるとした。その結果、申請当初の五〇〇ガルは七〇〇ガルに引き上げられた。この地震動と連動する津波対策は、津波の波源として右の三断層に若狭海丘列付近断層をくわえると、発電所の敷地の高さ三・五メートルにたいして津波の高さが最高六・七メートルとなり、浸水防護重点化範囲に到達する可能性があるとして、放水路側防潮堤（高さ八・〇メートル）や取水路防潮ゲート（高さ八・〇メートル）の設置がもとめられた。

しかし、基準地震動のベースとなっているのは、大飯原発三・四号機の再稼働審査と同様の三つの断層である。さきにみたように島崎邦彦は、大飯原発の基準地震動を「過小評価」と断じている。同じように、七〇〇ガルも「過小評価」といいうるであろう。それを前提とした津波対策もまた不十分ということになる。

運転期間延長審査においては、耐震、耐津波安全性評価にくわえて劣化状況評価として低サイクル疲労、照射誘起型応力腐食割れ、コンクリート構造物、中性子照射脆化、電気・計装設備の絶縁低下の項目ごとに審査が進められ、運転六〇年時点においても基準に適合すると結論づけられた。ただし、原子力規制委員会は「電気・計装設備の絶縁低下」について評価した結果、一部ケーブルに運転開始後六〇年以前に有意な絶縁低下が発生するとの認識をしめした。

そこで関西電力は全長一三〇〇キロメートルのケーブルのうち六割を難燃性に交換し、交換の難しい箇所は防火シートで巻くなどの延焼防火対策をしめした。原子力規制委員会もそれを承認している。また、さきの地震動と関連するが、蒸気発生器など一次系冷却設備がどの程度の揺れに耐えられるかを確認する手続きを、期限(二〇一六年七月七日)後に先送りすることを決定している。

原子炉補助建屋内の緊急時対策所

ところで、新規制基準の緊急時対策所にたいする要求事項は、緊急時対策所の実効線量が七日間で一〇〇ミリシーベルトを超えないこと、発電所内外との通信連絡を可能とする設備を備えること、重大事故に対処しうる必要な要員を収容できること、である。高浜原発の一号機から四号機に対応するための緊急時対策所は、一・二号炉原子炉補助建屋内に新設することで確認されている。しかも、これには工事計画の認可から五年間の猶予が設けられている。

そもそも、新規制基準に独立棟として緊急時対策所の設置が義務づけられていないのは、おかしなことだ。福島第一原発のシビアアクシデントで指揮所となった免震重要棟は、中越沖地震による柏崎刈羽原発の事故を受けて二〇一〇年に東電が原子炉から離れた場所に建設したものだ。東電は「安全神話」を振りまきながら、実はシビアアクシデントの生来を想定していたのだろう。それはともあれ、ここを拠点とした所長らの指揮が適切であったかどうかには議論が残っているが、原子炉補助建屋内に緊急時対策所がおかれていたならば、およそまったく機能しなかっただろう。関電の提出した原子炉補助建屋内という設置場所・機能を「要求事項に適合する設計方針であることを確認」という原子力規制委員会の判断は、もともと委員会設置の理由とされた福島のシビアアクシデントをどのように考えているのか、大いに疑問といわねばならない。

なぜ、老朽原発の稼働延長を急ぐのか

「例外中の例外」とされた老朽原発の二〇年間にわたる運転延長の認可には、地震、津波の予測の甘さのみならず、防火ケーブルの耐火性能検査、原子炉の中性子による劣化状況判断、蒸気発生器の加振検査(実際の振動をくわえた検査)を、工事計画の認可前ではなく原子炉使用前の検査へ後回ししたことや、緊急時対策所の設置猶予など、多くの疑問が提起されている。

そもそも、二〇一三年七月八日の新規制基準の施行をうけて電力会社は、原発の再稼働に向けて新規制基準の適合性審査を申請した。関西電力が高浜原発一号機、二号機の設置許可変更

申請書を提出したのは二〇一五年三月一七日であり、さらに運転延長にかかる審査を申請したのは二〇一五年四月三〇日だった。原子力規制委員会は電力各社の設置許可変更申請の審査を後回しし高浜原発一・二号機の運転延長審査を優先した。さきにみたように、この二つの老朽原発については「経過措置」なる「特例」で二〇一六年七月七日が、運転開始から四〇年の期限とされた。原子力規制委員会は、この期限にぎりぎり間に合わせたかのように二〇一六年六月二〇日に二〇年の運転延長＝六〇年の運転を認可した。

外部の専門家や市民運動から「拙速の審査と結論」との批判をうけながらも、原子力規制委員会はなぜ老朽原発の運転延長審査を急いだのか。原子力規制委員会による具体的説明はおこなわれていない。だが、それは安倍政権による原発政策と無縁ではないだろう。

安倍政権は二〇一四年四月、「エネルギー基本計画」を閣議決定している。電源の「ベストミックス」が謳われ、二〇三〇年時点での原発依存率を二〇〜二二％に設定している。新規原発の建設がはかばかしくなく、また電力会社が経済効率性から廃炉を決断する状況下では、政権の掲げる原発依存率を実現するためには、運転延長申請のあった老朽原発をまずは動かさなくてはならない。しかも審査の期限は二〇一六年七月七日に設定されている。仮に、この「デッドライン」までに運転延長の結論が得られなかったならば、政権の「エネルギー基本計画」

に支障が生じる。原子力規制委員会は、島崎邦彦・原子力規制委員会委員長代理への批判と同じく、あるいはそれ以上の強い批判とプレッシャーを政権・政権党から浴びせられることになったであろう。

しかし、実際にはそれは起こりえないだろう。老朽原発の寿命延長を認可した原子力規制委員会委員および原子力規制庁の幹部職員は、第Ⅱ章でみたように、原発を基幹電源とすることに異論を提示する者ではない。それどころか、「原子力ムラのドン」とされる委員もいる。原子力規制庁幹部は、長官をはじめとして三・一一以前の原子力推進機関からの「横滑り」である。田中俊一委員長は、再稼働審査について「安全性を保証するものではない。新規制基準に適合していることを判断するものだ」と述べた。これは老朽原発の運転延長についても同様であろう。だが、新規制基準はまさに概念的「基準」であって、これをメジャーとした設置変更許可や運転延長申請の評価は、原子力規制委員の原発にたいする価値観と専門知識に大きく左右される。原子力規制委員会・原子力規制庁は「専門科学的・技術的判断」という言葉で自らの行動の正当性を主張しつつ、政権中枢の意思に寄り添い具体化しているのだ。原発の再稼働や老朽原発の寿命延長を「正当化」している科学的・技術的判断に込められた政治性を、指摘しておかねばなるまい。

3　新規制基準に抜け落ちている地域防災計画の評価

「事故は起こりうる」の教訓

福島のシビアアクシデントは、政府や電力会社、「原子力ムラ」の住人たちの強弁する「絶対安全」を、事実をもって否定した。このシビアアクシデントによる避難にともなう犠牲者数については、現在なお確定されていない。ただし、国会事故調査委員会の報告によれば、政府や福島県の避難指示が適切でなく、病院などから避難した重篤患者をふくめて二〇一一年三月末までに六〇人の犠牲者が出たとする。福島県の「震災関連死」(避難中の病気や負傷の重篤化による死亡)調査では、二〇一六年三月で約二〇〇〇人に上るとされている。くわえて、甲状腺がんの罹患およびその可能性のある子どもたちは、二〇一六年九月一四日に開かれた県民健康管理調査第二四回検討委員会時点で一七四名に達している。だが、この問題を追い続けている日野行介が鋭く指摘するように、福島県や県立医大側は、通常実施していない検査を集団全体に実施したことで見つかった「スクリーニング効果」などによるとして、多発の原因を被曝の影響と認めていない(日野行介・尾松亮『フクシマ六年後 消されゆく被害』)。

二〇一六年度末で政府は帰還困難区域を除いて避難指示区域を解除している。年間放射線量が二〇ミリシーベルト以下に低下したことが根拠とされている。だが、それを「安全値」ということには、科学者のあいだに多くの批判が存在する。かつての居住地に帰還する動きもあるが、人びとのあいだには年間二〇ミリシーベルト以下という放射線量への不信感は強く、政府や福島県の思惑通りに帰還が進展する見込みはない。

実際、健康への不安を政府は否定するが、尾松亮のチェルノブイリのリポートにあるように、事故から三〇年をへた現在でも新たに甲状腺がんのみならず他のがんを患う患者が発見されている(日野・尾松前掲書)。健康への不安にくわえて、多くの被災者は職を失っているのであって、かつての生活を取り戻すことは困難なのだ。

福島第一原発のシビアアクシデントは、「事故は起こりうる」ことを教訓として残した。しかし、そこから引き出すべきことは、地震・津波にたいする防護施設や原子炉およびその関連施設の技術的安全基準のみではないはずだ。原発施設の周辺住民の実効性ある避難計画の策定と着実な運用こそ、フクシマの教えるものだといわねばなるまい。

ところが、「世界一厳しい基準」「世界最高水準の安全性」をいう新規制基準には、地域防災計画・住民避難計画に関する記述は、まったく存在しない。それゆえ当然のことだが、地域防災計画・住民避難計画は、原子力規制委員会による原発再稼働、老朽原発の寿命延長についての審査対象とされていない。いい換えるならば、新規制基準はあくまで原発プラントに対象を限定した技術基準であって、「事故は起こりうる」を基本として住民の生命と生活の保障を最重視した立地指針＝立地審査基準ではない。

原子力規制委員会「原子力災害対策指針」

福島のシビアアクシデントといった原子力緊急事態の発生をうけて、原子力災害対策特別措置法や災害対策基本法が改正された。その結果、自治体による地域防災計画・住民避難計画の作成にたいする中央政府の支援体制がつくられた。

とはいえ、原発の緊急かつ過酷事故の発生時に住民を避難させ健康等の安全をまもる責務は、第一義的に自治体にあるとされている(原子力災害対策特別措置法第五条)。

原子力規制委員会は、原子力災害対策特別措置法第六条の二第一項にもとづき二〇一二年一〇月三一日に「原子力災害対策指針」(以下「指針」)を策定した。指針は八度の改正がおこなわれている。現在の指針は二〇一七年七月五日に「全部改正」されたものである。指針の目的は、「国民の生命及び身体の安全を確保することが最も重要であるという観点から、緊急事態における原子力施設周辺の住民等に対する放射線の影響を最小限に抑える防護措置を確実なものとする」ために、「原子力事業者、国、地方公共団体等が原子力災害対策に係る計画を策定する際や当該対策を実施する際等において、科学的、客観的判断を支援する」ことにあるとされている。要するに、この指針は原子力規制委員会による原発の安全規制の評価基準ではなく、自治体などによる原発事故の発生に備えた避難計画の策定や避難活動のガイドラインである。

指針は、住民の視点に立った防災計画の策定を促すとともに、災害が長期にわたる場合も考慮した継続的な情報提供の体系の構築を重視するとした。また、国際原子力機関(IAEA)がしめす安全基準をはじめ最新の国際的知見を積極的に取り入れて、適時改定するとしている。ではそれは、いかなる内容だろうか。

指針は原子力災害対策重点区域として、「予防的防護措置を準備する区域」(PAZ : Precautionary Action Zone)と「緊急防護措置を準備する区域」(UPZ : Urgent Protective Action Planning Zone)を設定している。前者のPAZは「急速に進展する事故においても放射線被ばくによる確定的影響等を回避するため、EAL[緊急時活動レベル—筆者]に応じて、即時避難を実施する等、通常の運転及び停止中の放射性物質の放出量とは異なる水準で放射性物質が放出される前の段階から予防的に防護措置を準備する区域」であり、IAEAの国際基準に照らして

「原子力施設からおおむね半径五キロメートル」としている。

　後者のUPZは「確率的影響のリスクを最小限に抑えるため、EAL、OIL［空間放射線量率や環境試料中の放射性物質の濃度等の計測可能な値で表される運用上の介入レベル─筆者］に基づき、緊急防護措置を準備する区域」であり、これまたIAEAの基準に照らしてその最大半径は「原子力施設からおおむね半径三〇キロメートル」としている。この範囲の設定については福島のシビアアクシデントを省察するとき、その適正さについて議論が残されており、原発訴訟の焦点のひとつだ。

　指針はこのようにPAZとUPZの範囲をしめしたうえで、「原子力事業者、国、地方公共団体が採ることを想定される措置等」を表にまとめるとともに、緊急事態の区分ごとに判断するレベルを記し措置の概要をまとめている。それは原子炉の種類ごとに運転等の施設と施設敷地に分けて記されている。たとえば、加圧水型軽水炉の運転等の施設の場合、警戒事態を判断するレベルは、原子炉の運転中に当該原子炉への全ての給水機能が喪失することなど一五項目がしめされ、措置の概要として「体制構築や情報収集を行い、住民防護のための準備を開始する」としている。

　最も重大な「全面緊急事態を判断する」レベルも同様に原子炉の種類、運転施設、施設敷地によって異なるが、加圧水型軽水炉の運転施設のそれは、「原子炉の運転中において、原子炉を冷却する全ての機能が喪失する」など一三項目をあげている。そして「措置の概要」として、「PAZ内の住民避難等の防護措置を行うとともに、UPZ及び必要に応じてそれ以遠の周辺地域において、放射性物質放出後の防護措置実施に備えた準備を開始する。放射性物質放出後は、計測される空間放射線量率などに基づく防護措置を実施する」としている。

繰り返すが、この指針は地域防災計画・住民避難計画の策定義務を負う自治体が計画を立案する際のガイドラインである。内閣府(原子力防災担当)は、この指針をもとにして地域防災計画・住民避難計画の計画作成のマニュアルを提示するとともに作成予算の補助をおこなう。またこれらの計画作成を支援するために、原発の立地する一三地域ごとに、関係府省庁、立地道県・市町村とともに地域原子力防災協議会(二〇一五年三月に従来の「ワーキングチーム」を改称)を設け、計画間の調整を図るとしている。

田中俊一・原子力規制委員会委員長は、「実際の避難計画は、各地域の実態に合わせて当該自治体が策定する方が実効的である」(田中俊一「原子力災害対策指針と新規制基準」二〇一六年一二月)とした。それでは原発立地自治体の地域防災計画・住民避難計画の実際をみてみよう。

画一的な地域防災計画・住民避難計画

原発立地自治体の原子力災害についての地域防災計画・住民避難計画は、自治体が一般災害、地震災害、津波災害への対処を定めた「本編」とは別に定められる「原子力防災対策編」を意味する。したがって以下の地域防災計画は「原子力防災対策編」を指す。地域防災計画はいずれの自治体においても、「原子力防災対策編」と「原子力災害時における住民避難計画」の二部構成となっている。

「原子力防災対策編」の構成は、いずれの自治体の計画を取り上げても、まったくといってよいほど同一である。ここでは「西の原発銀座」の中心ともいわれる福井県おおい町(旧大飯町・名田庄村)の地域防災計画をみておこう。

それは「総則」「原子力災害事前対策」「緊急事態応急対策」「原子力災害中長期対策」から構成されている。「総則」は原子力災害における事業者、県、中央政府の地方機関(中部管区警察局、大阪航空局、北陸総合通信局、中部経済産業局、陸上自衛隊第一四普通科連隊……等)の業務の大綱を記述したものだ。町を中心とした相互連携関係は述べられていない。町の地域防災計画の「総則」であるならば、町が他の関係機関といかなる連携を、いかなる手段で図るのかを具体的に記述すべきだが、それは記載されていない。

こうした関係機関の業務のつぎにPAZ、UPZの地区名が記載されたうえで、「原子力災害事前対策」と「緊急事態応急対策」が掲げられている。

「原子力災害事前対策」として多くの事項があげられているが、たとえば「避難場所等の整備」をみておこう。「町は、県等と連携し、住民等の避難誘導・移送に必要な資機材・車両等の整備に努めるものとする。また、町は、県と協力し、広域避難を想定した避難誘導用資機材、移送用資機材・車両等を確保するものとする」「町は、県等と連携し、コンクリート屋内退避施設について予め調査し、具体的なコンクリート屋内退避体制の整備に努めるものとする」といった具合である。

「原子力災害事前対策」を読んだおおい町住民は、これをどのように考えるだろうか。万一の場合に備えた「万全の体制」と認識するだろうか。「原子力災害事前対策」は全項目にわたって「○○するものとする」なる語句で括られている。「○○するものとする」は行政(役人)用語だが、これは、たんなる「願望(期待)の表明」であって「計画」とはいえないことだ。「広域避難を想定した避難誘導用資機材、移送用資機材・車両等の確保」の項でいうならば、いかなる時系列のもとに、どのような資機材・車両を調達し、いかなる地点に配置するのか、具体的数値目標をしめさねばなるまい。おおい町の地域防災計画にかぎらないが、自治体の各種行政計画の問題は、掲げられた目標の実行を可能とする条件(手段)が具体的に明示されていないことだ。

「緊急事態応急対策」の文言は「事前対策」に比べるならば、いくらか具体的ではある。だが、たとえば、「屋内退避、避難収容等の防護活動」の項をとりあげるならば、「病院の入院患者及び社会福祉施設の入所者は、県又は町が確保した避難用のバスによる避難を行うものとする。また、介助が必要な入院患者・入所者については、県が要請し確保した消防機関の救急車、福祉車両等によりあらかじめ定められた医療機関又は福祉避難所に搬送するものとする」と述べている。「緊急事態応急対策」においても、「願望の表明」の域を超えているとはいえない。福島のシビアアクシデントを踏まえた作成というかぎり、避難先の病院・福祉施設の同意を得てそれらを指定したのであろうが、避難民を受け入れるベッド数やスタッフの準備については具体性がない。そもそも搬送手段の準備数量と避難経路や交通規制などは何も具体的に記載されていない。警察や消防への要請によって警察官や消防隊員が整序ある行動を展開し、迅速な住民の避難をささえるであろうと仮定されているにすぎない。

それでは、こうした地域防災計画につづく「住民避難計画」は、いかなる内容だろうか。たしかに、避難先の施設名、自衛隊車両やヘリコプターやバスなどの避難手段、そして避難ルートが細かく記載されている。だが、こうした避難手段の相互連携をいかに実現するかは記述されていない。陸路の避難ルートとされている国道一六二号線、県道小浜綾部線などは、国道・県道とはいうが、よほどの交通規制をしないかぎり大渋滞を引き起こす狭小な路線だ。きびしい交通規制をすれば当然待機者がでる。風向きによるにせよ被曝の危険性を免れない。そもそも放射線量や放射性物質の濃度の測定機器を備えるとしているが、それを避難民に適時かつ効率的に伝達するシステムをいかに構築しておくのか不明だ。「安全」とされた避難先が高い放射線量による汚染地区であり、多くの住民が大渋滞のなか再び移動を強いられたのは、福島のシビアアクシデントが教えるとおりだ。

おおい町の地域防災計画・住民避難計画のみが問題なのではない。画一的な計画から透けてみえるのは、計画作成が市町村の責務であることばかりが強調され、住民の参画を基本として県やさらには計画が掲げるさきのような関係機関との綿密な協議のもとに作成されたとは、到底みえないことである。実際、地域防災計画・住民避難計画には、関係機関の活動計画がしめされていない。住民はフクシマの報道を通じて緊急の避難対策が市町村行政の手に余ることを知っている。住民が最も知りたいのは、市町村行政と他の機関がいかに連携して避難行動をささえるかだ。

中央政府の原子力防災会議が了承しているのは事実だが、それをもって地域防災計画・住民避難計画が合理的であり実効性あるものとはいえないであろう。原発の安全規制審査は地域防災計画・住民避難計画の妥当性をベースにおくべきである。

国際原子力機関(IAEA)の深層防護と避難計画

三・一一シビアアクシデントを機として原子力安全規制の設計思想として急速に関心をもたれているのは、「深層防護」なる概念である。IAEAのみが概念の提唱者ではなく、世界保健機関(WHO)、経済協力開発機構／原子力機関(OECD／NEA)などの国際機関も概念の形成に関与している。

ここでいう「深層防護」(Defence in Depth)とは、原子力施設の「事故の防止」および「事故の影響緩和」のために、多重(五層)にわたる防護の階層を設計することである。これらの各階層は前段の階層に依存することなく、最善の対策を講じるべきものとされている。第一層から第五層の内容は、概ねつぎのとおりである(国会事故調『参考資料』参照)。

第一層　運転時に異常や故障の発生を予防するため、安全を重視した余裕ある設計をおこない、建設・運転における高い品質を保つ。

第二層　異常な運転の制御や故障の発生を検知するために、管理・制御・保護のシステムや、その他の監視機能を導入する。

第三層　設計基準事故(設計時に考慮された想定事故)を起こさないように、また設計基準事故がそれを超えるシビアアクシデントに進展しないようにするために、工学的安全施設(非常用炉心冷却設備、原子炉格納容器等の放射性物質の放出を防止・抑制する設備)を導入するとともに、事故時の対応手順を準備する。

第四層　事故の進展防止、シビアアクシデント時の影響緩和など発電所の過酷な状況を制御し、閉じ込めの機能を維持するために、補完的な手段およびアクシデントマネジメント(シビアアクシデントに備えて設置された機器等による措置)を導入する。

第五層　放射性物質が外部環境に放出されることによる放射線の影響を緩和するため、オフサイト(発電所外)での緊急時対応を準備する。

ＩＡＥＡは原子力開発の国際的な推進機関だが、スリーマイル島原発事故やチェルノブイリ原発事故なるシビアアクシデントを踏まえて、原発の安全対策として以上のような五層にわたる深層防護を一九八〇年代に形成した。三・一一以前の政府の原発安全規制は第三層までの対処でよいとされてきた。原子力規制委員会は新規制基準の策定にあたって第四層および第五層までの深層防護の考え方を取り入れて作業をすすめたという。ところが、新規制基準が定める「重大事故対処施設」は第四層に対処するものであり、第五層への対処は新規制基準の範囲外とされ、原子力規制委員会の審査対象とされていない。さきにみた原子力規制委員会の原子力災害対策指針は、第五層に相当する事態を踏まえた指針だが、これは審査基準ではなく避難計画策定のガイドラインだ。これはどういうわけか。

この点について原子力規制委員会は、「実用発電用原子炉に係る新規制基準の考え方について」(二〇一六年八月二四日)において、つぎのように説明している。「IAEAの「原子力発電所の安全――設計」においては、深層防護の概念を原子力発電所の設計に適用すべきとされているにとどまり、必ずしもその第一層から第五層に係る全ての対応を設置許可基準規則[新規制基準のこと―筆者]等の原子力事業者に対する規則に規定することが求められているわけではない」とする。そのうえで、IAEAの安全基準においては「緊急事態に対する準備等における役割と責任を予め割り当てることを求められているのであって、避難計画に関する事項を含む緊急事態に対する準備等を原子力事業者に対する規制に規定することは求められていない」

とした。

原子力規制委員会は、こうしたＩＡＥＡの安全基準に関する見解をもとに「我が国の法制度上、避難計画等、第五の防護レベルに関する事項については、災害対策基本法及び原子力災害対策特別措置法に基づいて措置がとられることとされており、設置許可基準規則に避難計画に関する事項が含まれていないことのみをもって、設置許可基準規則がＩＡＥＡの安全基準に抵触するものではない」と主張している。

しかし、この説明はいかにも「官僚の作文」といわねばなるまい。ＩＡＥＡなる国際機関の深層防護についての見解で自らの主張を「権威づける」一方で、新規制基準がＩＡＥＡの安全基準に抵触するものではないと正当化する。これは「発展途上国・日本」以来、行政官の論述の伝統的技法だ。問われているのは福島のシビアアクシデントを引き起こしてしまった日本の原子力規制機関として、「世界一厳しい基準」――それが可能かどうかはさておくとして――を独自に作成することに叡智を発揮することにあるはずだ。災害対策基本法や原子力災害特別措置法にもとづく措置がとられているという。だが、さきにみたような地域防災計画・住民避難計画の自治体による作成は、原子力規制委員会の原子力災害対策指針を引き写したものにすぎず、シビアアクシデントから住民をまもる具体性に乏しい代物だ。

もとめられる新規制基準の改訂

ところで、原子力規制委員会はさきのようにＩＡＥＡの安全基準についての認識を述べているが、ＩＡＥＡの「原子力発電所の安全――設計」は、事故により放出される放射性物質の影響を緩和するために、原発サイト外（敷地をふくむ）を対象とした緊急時計画と緊急時手順の整備が必要としている。

たしかに、ＩＡＥＡはサイト外を対象とした緊急時計画が実行可能であるか否かを確認する機関の明示をもとめていない。法形式的にいえば日本の場合、内閣府に設けられた首相を議長とする原子力防災会議が、地域防災計画・住民避難計画を「了承」している。だがそれは計画を綿密に審査したものではない。原子力規制委員会は、改正原子炉等規制法にもとづいて原子力発電施設の安全規制を一元的かつ自律的に担う機関とされているのだから、ＩＡＥＡの第五層にかかる地域防災計画・住民避難計画の実効性を新規制基準にくわえ審査すべきなのだ。

原子力規制委員会は二〇一三年四月、原子力施設の規制を進めるうえでの「安全目標」を定めた。それは旧原子力安全委員会安全目標専門部会の目標値、つまり炉心損傷頻度一万年に一回程度、格納容器機能喪失頻度一〇万年に一回程度にくわえて、半減期の長いセシウム一三七の放出量が一〇〇テラベクレルを超えるような事故の発生頻度を一〇〇万年に一回程度とするものだ。

しかし、地域防災計画・住民避難計画の審査を新規制基準にくわえないことと、この確率論的「安全目標」とは、およそ無関係なことだ。こうした「安全目標」は「新たな安全神話」にも通じかねない。原発にかぎらず各種プラントの設計段階において確率論的に「無視」してもよいとされた危険性が、その後に現実となるのは科学・技術史が教えるところである。またさきにみたように基準地震動、基準津波の規模には論争が残されており、現段階においてそれらの正確な予測は不可能なのだ。ましてや地震および津波の発生やその規模を正確に予測することは現代の科学では不可能である。

とするならば、原発の立地、再稼働ましてや老朽原発の寿命延長審査において重視されるべきなのは、地域防災計画・住民避難計画が放射能の放出される緊急事態に十分な防護措置をとりえるものであることだ。アメリカにおける原発の建設・運転は、NRC(アメリカ原子力規制委員会)が緊急時計画の基準をしめし、事業者および州・地方政府の緊急時計画がそれに適合していないかぎり許可されない。スリーマイル島原発事故をはるかに超える惨状を経験した日本である。新規制基準ならびに許可の法体系の見直しがもとめられていよう。地域防災計画・住民避難計画の妥当性と実効性の判断を置き去りにした原子力安全規制はありえないのではないか。原発安全規制をミッションとする規制機関の正当性に疑問・批判の眼が向けられるゆえんである。

第Ⅴ章　裁判所は「専門家」にどう向き合ったのか

1　三・一一を司法はどのように自省したのか

司法の重要性

これまで原子力規制行政を過去にさかのぼりながら論じてきた。そのうえで、三・一一シビアアクシデントを踏まえて設置された原子力規制委員会の組織を考察するとともに、新規制基準にもとづく原発再稼働・老朽原発の寿命延長に関する原子力規制委員会の審査をみた。原子力規制委員会は新規制基準への適合性審査をもとめた電力事業者各社の申請を、一件たりとも「不適合」とはしていない。脱・反原発市民運動の主張どころか、前章で述べたように、原子力規制委員会委員長代理であった地震学者の島崎邦彦の科学的論証についてさえ、省みられることはなかった。電力事業者と原子力規制委員会・原子力規制庁とのあいだで申請前あるいは審査途中においてフォーマル・インフォーマルな折衝がおこなわれているであろうことは、日本の行政組織の行動様式に照らせば容易に想定される。だが、外部からはその実態に迫ることは難しい。

政権・政権与党ばかりか野党の一部、原発立地自治体の首長らにとって、原子力規制委員会による新規制基準への適合という審査結果は、政治的かつ経済的利益からいって大いに「喜ばしい」ことだろう。だが、注視しておきたいのは、新規制基準が「世界一厳しい基準」として独り歩きすることではないか。この国の政治風土には二一世紀一〇年代も終わりにさしかかってもなお、「お上崇拝」が色濃く残る。原子力規制委員会はそのミッションからいって「お上」であってはならないが、「お上」の定めた新規制基準への懐疑の眼が薄れ、三・一一が「風化」してしまうことを危惧しない訳にはいかない。

本来、「国権の最高機関」(憲法第四一条)である国会が、フクシマの過酷事故の原因究明と原子力規制委員会の原発再稼働や老朽原発の寿命延長について、国政調査権を発動してでも調査・審議にあたるべきなのだ。だが、二〇一一年一二月八日に設けられた国会事故調査委員会は、翌年六月二八日に報告書を公表し事実上幕を閉じた。報告書はいわば「中間報告」ともいうべきものであって、委員のあいだにも継続した活動をもとめる声が存在する。だが、安倍政権のもとにおいては、衆参両院に三分の二の議席を擁する政権与党から国会事故調査委員会の活動再開をもとめる声は起きるような状況にない。

こうしたなかで新規制基準やそれへの適合性審査の結果に、政治制度上の「権威」を背景として意見を述べ判断を下しうるのは司法をおいて他にない。市民から原発の設置許可処分の取消や運転差止の訴訟が提訴されるならば、裁判所は受理し法廷を開かざるをえない。そこには裁量の余地はない。公開の法廷において原告・被告間の論戦をもとにして司法判断を下さねばならない。司法はそれだけの重要性をもっているのであり、三・一一を経験した今日、それ以前にも増して司法の責任は大きいといわねばならない。司法が仮に三・一一以前と同一の歩みをするならば、新たな「安全神話」をつくりだすことになる。

三・一一と裁判官の述懐

原発安全神話が跋扈するなかで原発の危険性を問う市民たちが「最後の砦」として期待を寄せたのは司法であった。日本における原発訴訟は、周辺住民三五人が一九七三年八月に内閣総理大臣を相手どって松山地裁に提訴した、四国電力伊方原発一号機の設置許可処分の取消をもとめた訴訟が第一号である。それ以降三・一一の福島原発のシビアアクシデントまで原発訴訟は表V－1のような状況であった。このなかで立地地域住民を原告とした原告勝訴の裁判はわずかに二件だ。ひとつは二〇〇三年一月二七日に名古屋高裁金沢支部(裁判長・川崎和夫)が下した、内閣総理大臣による高速増殖炉もんじゅの原子炉設置許可処分の無効の判決である。もう一件は、二〇〇六年三月二四日に金沢地裁(裁判長・井戸謙一)による北陸電力志賀原発二号

表 V-1　3・11 以前の原発訴訟

行政訴訟

事件名	地裁	高裁	最高裁
伊方 1 号炉設置許可取消	松山 1978. 4. 25	高松 1984. 12. 4	1992. 10. 29
東海第二設置許可取消	水戸 1985. 6. 25	東京 2001. 7. 4	2004. 11. 2
福島第二 1 号炉設置許可取消	福島 1984. 7. 23	仙台 1990. 3. 20	1992. 10. 29
伊方 2 号炉設置許可取消	松山 2000. 12. 15		
もんじゅ設置許可無効確認(原告適格)	福井 1987. 12. 25	名古屋・金沢支部 1989. 7. 19	1992. 9. 22
(実体部分)	福井(併合) 2000. 3. 22	名古屋・金沢支部 2003. 1. 27	2005. 5. 30
泊 1, 2 号炉建設運転差止	札幌 1999. 2. 22		
柏崎刈羽 1 号炉設置許可取消	新潟 1994. 3. 24	東京 2005. 11. 22	2009. 4. 23
伊方 2 号炉設置変更許可取消	松山 2000. 12. 25		
ウラン濃縮施設設置許可取消	青森 2002. 3. 15	仙台 2006. 5. 9	2007. 12. 21
低レベル放射性廃棄物処分施設設置許可取消	青森 2006. 6. 16	仙台 2008. 1. 22	2009. 7. 2
高レベル廃棄物貯蔵事業許可取消	青森　係争中		
再処理施設指定処分取消	青森　係争中		

民事差止め

事件名	地裁	高裁	最高裁
女川 1, 2 号炉建設・運転差止	仙台 1994. 1. 31	仙台 1999. 3. 31	2000. 12. 19
志賀 1 号炉運転差止	金沢 1994. 8. 25	名古屋・金沢支部 1998. 9. 9	2000. 12. 19
高浜 2 号炉運転差止	大阪 1993. 12. 24		
志賀 2 号炉運転差止	金沢 2006. 3. 24	名古屋・金沢支部 2009. 3. 18	2009. 10. 28
島根 1, 2 号炉運転差止	松江 2010. 5. 31	広島・松江支部 係争中	
浜岡 1-4 号炉運転差止	静岡 2007. 10. 26	東京　申請取下げ 2017. 4	

出典：『法と民主主義』2011 年 6 月号をもとに作成

機の運転差止判決である。
しかし、この二件を除けば、設置許可処分の取消をもとめた行政訴訟、運転差止をもとめた民事訴訟のいずれにおいても、下級審レベルから住民側の敗北に終わっている。住民側が勝利した先の二件も、最終的に敗訴が確定した。

司法が原発安全神話の形成に「貢献」したことは、拙著『司法よ！ おまえにも罪がある――原発訴訟と官僚裁判官』で論じた。裁判官たちは、福島のシビアアクシデントが現実に起きたことを踏まえて、自ら下した判決をどのように考えているのだろうか。おそらくは内面では苦悩していると思えるが、過去の判決について語る裁判官は決して多くない。そのようななかで、朝日新聞記者の磯村健太郎と山口栄二による『原発と裁判官――なぜ司法は「メルトダウン」を許したのか』は、原発訴訟を指揮した裁判長たちへのインタビューをまとめている。なかでも一九九三年に高浜原発二号機訴訟で運転差止請求を棄却した大阪地裁の裁判長であった海保寛の証言は、今後の原発訴訟にとって示唆的である。

海保寛・元裁判長は、当時の原子力安全委員会が定めた「安全設計審査指針」への適合性をめぐる原告・被告(関西電力)の科学技術論争のなかで蒸気発生器の伝熱管に破断の危険性があると見抜いた。それゆえに判決では「破断の危険性があると判断されるものが存在する」と述べた。当時、原告やマスコミは「裁判所による初めてのイエローカード」と評価した。にもかかわらず、海保は「本件伝熱管が破断し炉心溶融に至る具体的危険性があるとは認め難いので、原告らの本件差止請求は認めることができない」とした。運転差止に踏み込まなかった(踏み込めなかった)のはいかなる理由なのか。

最高裁伊方原発訴訟判決の「呪縛」

海保寛・元裁判長のみならず原発訴訟を担当した裁判官たちにとって重要な判断基準とされたのは、一九九二年一〇月二九日に最高裁第一小法廷(裁判長・小野幹雄)が下した伊方原発訴訟判決であるといってよい。それはつぎのように述べた。

原子炉施設の安全性に関する判断の適否が争われる原子炉設置許可処分の取消訴訟における裁判所の審理、判断は、原子力委員会若しくは原子炉安全専門審査会の専門技術的な調査審議及び判断を基にしてされた被告行政庁の判断に不合理な点があるか否かという観点から行われるべきであって、現在の科学技術水準に照らし、右調査審議において用いられた具体的審査基準に不合理な点があり、あるいは当該原子力施設が右の具体的審査基準に適合するとした原子力委員会若しくは原子力安全専門審査会の調査審議及び判断の過程に看過し難い過誤、欠落があり、被告行政庁の判断がこれに依拠してされたと認められる場合には、被告行政庁の右判断に不合理な点があるものとして、右判断に基づく原子炉設置許可処分は違法と解すべきである。

この最高裁判決にもとづき多くの原発訴訟において司法は、行政庁が原子炉等の設置許可申請にたいして最新の科学・技術上の知見を動員して審査し下した結論を踏まえて、内閣総理大臣ないし通産大臣(経済産業大臣)が設置許可したのであり、行政庁の専門技術的裁量に瑕疵はないとしてきた。海保寛もまた「国の審査指針は専門家が集まってつくったのだから、司法としては、見逃すことのできない誤りがないかぎり、行政庁の判断を尊重するという内容」ととらえ、「(審査指針に)合格したというのであれば基本的に尊重するのが前提にある。指針に合っていれば安全という評価を下していいであろうと考えた」と述べる。ただし、海保寛は福島のシビアアクシデントを眼前とするとき、「専門家が言っているから大丈夫ということではなく、立ち止まって合理性をもっと検討することが必要だったのかな、と思います」とする。

伊方原発訴訟最高裁判決には、裁判官のあいだばかりか弁護士や法学者のあいだにも、原発立地に「抑制的」な姿勢との評価が存在する。だが、この最高裁判決は行政庁の専門技術的裁量を「尊重」せよという趣旨に解するべきだ。そもそも、日本で第一号となった原発訴訟において最高裁の眼目は、原告住民の敗訴を決定づけることにあったといってよい。それは松山地裁での裁判の最終局面で裁判長を交代(転所)させたことが物語る。最高裁は各地の住民による原発訴訟を退けるための司法判断基準を提示したといわざるをえない。この専門技術的裁量の「尊重」が今後ともまかり通るならば、原子力規制委員会の定めた新規制基準とそれにもとづく審査も、科学・技術の叡智の結晶であって、その専門技術的裁量は否定されてはならないことになる。

最高裁司法研修所研究会の設置

原発の安全性に問題はないとの「お墨付き」を与えつづけた司法だが、それは事実をもって崩れた。しかし、最高裁は三・一一以前の司法判断について公的には何ごとも語っていない。エリート司法官僚から構成された最高裁事務総局のいわゆる事件局(刑事局、民事局、行政局、家庭局)は、従来から下級審の判決を分析するとともに、下級審の訴訟指揮のあり方を指導してきた。おそらくは原発訴訟に直接関係する事務総局の民事局と行政局は、従来の下級審から最高裁にいたる判決を検討していることだろうが、内容はまったく窺い知れない。

こうした状況下の二〇一三年二月一二～一三日、最高裁司法研修所は裁判官を対象とした「平成二四年度特別研究会(第九回、複雑困難訴訟)」を開催した。ここでは原発訴訟に直接関係する事項だけではなく、研究会の主題に複雑困難訴訟とあるように多数当事者訴訟などの大規模訴訟の審理のあり方におよんでいる。もっとも、大規模訴訟が原発訴訟と同時に取り上げられたのは、原発事故の被災者による損害賠償請求訴訟や電気事業者に対する株主代表訴訟などを意識してのことであろう。

この研究会では最高裁事務総局主催の裁判官会同(特定のテーマにもとづき下級審の裁判官を集めて法令解釈や訴訟制度の運用などを協議する場)と同様に、事前に問題が提出(二〇一三年一月二一日)され、それに沿って意見の交換がおこなわれている。「原発訴訟等関係」とされた第一問の提出問題は計七問であった。

筆者の手許には司法研修所が同年五月にまとめた研究会議論の「概要版」しかない。拙著『司法官僚　裁判所の権力者たち』(岩波新書)で指摘したように、最高裁は一九七〇年頃までは会同の結果を民事・刑事・行政訴訟の「執務資料」としてまとめ公表していた。だが、七〇年代に入ると「執務資料」の表紙には「取扱注意」の印が捺されるようになり、七〇年代末以降は公表されていない。また、個別の事件をテーマとした協議の場は、司法研修所の研究会に取って代わられているとされるが、この研究会も概要が公表されているにすぎない。こうした動きを反映して「平成二四年度特別研究会(第九回、複雑困難訴訟)」のまとめも「概要版」なのだが、研究会の議論は要領よく整理されており、研究会での思考を知ることができる。

研究会は東京高裁部総括判事の奥田隆文が司会、講師は五名だが固有名詞が明らかにされているのは、法務省大臣官房審議官の中山孝雄のみであり、外に二名の大学大学院教授、弁護士、新聞社論説副委員長である。出席裁判官の氏名、人数は、「概要版」には記載されていないが、参加者名簿には八つの高裁から推薦された高裁・地裁の判事四一名の氏名が記されている。また、「概要版」においては講師と裁判官(研究員)の発言は区分されているが、講師の肩書きが明記されていないから、どの分野の講師の発言かは不明だ。

最高裁伊方原発訴訟判決をめぐる研究会の議論

さて、さきにみた最高裁伊方原発訴訟でしめされた司法判断基準と三・一一後の司法審査のあり方に関する研究会の議論をみていくことにしよう。「原子炉設置許可取消訴訟等の行政訴訟における従前の判断枠組みについてどのように考えるか。裁判所の審理の内容はどのようになるか」が提出問題だ。

これにたいして講師の一人は「専門家が言っていることだから間違いないだろうとか、三人の裁判官では国家施策に関わる判断をしかねるといった、行政裁量論や専門裁量論の根底にあると思われる潜在意識は、少なくとも原発に関しては払拭されてしかるべきではないか」とした。

だが、これは少数意見だ。すかさず一講師は「伊方原発最判〔最高裁判決のこと—筆者〕が示した、専門技術的裁量を前提とする裁量統制型の判断手法自体は維持されるべきである。なぜなら、処分庁に専門技術的裁量が与えられていることや、それを前提に裁判所がどういう司法審査の在り方を採るべきかは、原子炉等規制法という実定法の解釈から導かれる事柄だからである」との意見を表明している。

同様の趣旨の意見は他の講師からも述べられているが、より「積極的に」過去の司法判断に問題なしというに等しい意見もある。

「安全基準に照らして設置許可が妥当かどうかという判断には、極めて高度な科学的技術的知見が必要であることを踏まえると、伊方原発最判が示した抑制的なスタンスは、現実的で妥当なものではないかと思う。原発政策は国のエネルギー政策の根幹に関わるものであり、高度な政治問題でもある。原発の設置許可についても、専門的知見を持たない裁判所が独自の基準等を用いて様々な司法判断を示せば、国のエネルギー政策に大きな混乱をもたらすおそれがある。したがって、最高裁が示したスタンスは、福島第一原発事故があった後であっても変わるべきではないと思う」。

こうした講師たちの議論にたいして出席裁判官の一人は「基本的には伊方原発最判の判断枠組みに従って今後も判断していくことになると思う。ただ、事故を受けて、科学的知見について現在見直しがされているところであり、それを踏まえて判断していくことになるだろうし、その審査について、裁判所は、これまでの判断枠組みは維持しつつ、今まで以上に丁寧な説明がもとめられるのではないか」と述べる。

別の裁判官は「伊方原発最判の枠組みで判断することに賛成である」としたうえで、原子力安全・保安院の判断が疑問視された今日、「原子力規制委員会が設置され、同委員会において新たな安全基準を策定した上で、その当てはめも行っていくことになるが、同委員会の判断に対しては、裁判所としてはどういう姿勢で臨めばいいのか。専門機関が行ったのだから、主管省庁が専門的判断をしたのだからということで一定の合理性があるという前提で臨むべきなのか、それとも、保安院の反省に立って、そこに対してはもう少し慎重になるべきなのか」と問うている。

原子力規制委員会の評価と司法の対応についての研究会議論

この研究会開催段階では原子力規制委員会による新規制基準は定められていない。右の裁判官の問いかけにたいして、講師の一人（おそらくさきの最高裁判決に批判的な発言者）は「原子力規制委員会の策定する基準やその当てはめを尊重すべきだとは思わない。……基準の審査に当たって必要な情報はきちんと提供がされていたのか、委員会が公正な人選によって構成されていたのか、あるいは、委員会で出された異なる意見のうちいずれかを採った場合に、それが少数意見や反対意見に照らして合理的な判断といえるのかどうか、といった観点からも、丁寧な説明あるいは慎重な審査がされるべきではないか」とする。

だが、これもまったくの少数意見であった。他の講師の原子力規制委員会への評価はきわめて高い。原子力規制委員会は「いわゆる三条委員会で、行政機関の中でも特に中立性や公正さが求められる機関であり、……原子力規制委員会は相当シビアな目で原発を見ていると感じる。……その専門的判断を尊重し、それに不合理な点がないか否かという視点で審査する姿勢が必要ではないか」、「専門技術的裁量を認めるためには手続、組織がきちんとしているということが求められる。今回原子力規制委員会が設けられて、ある意味では初めて伊方原発最判の枠組みが本当に妥当するようになった」とする。

研究会議論の「概要版」には、こうした講師たちの見解にたいする裁判官たちの意見は記載されていない。発言がまったくなかったのか、あえて削除されているのかは判断し難い。だが、司法研修所の研究会とはいえ、外部講師の選定は最高裁事務総局の意を体してのことである。出席裁判官は、所属の裁判所の裁判官会議や研究会でより詳しい報告をおこなったことだろう。さきに引用した海保寛の述懐するように、行政機関の専門技術的裁量の「尊重」は従前のように生き続ける可能性がある。ましてや原子力規制委員会の設置によって「伊方原発最判の枠組みが本当に妥当するようになった」と認識されるならば、尚更である。三・一一シビアアクシデントへの司法の責任は、最高裁「中枢」には重視されていないといってもよいのではないか。

さて、それならば、原子力規制委員会の新規制基準にもとづく原発再稼働に住民たちが異議を申し立てた裁判において、司法は実際にどのように判断したのだろうか。

2　三・一一後の原発訴訟——新規制基準と専門技術的裁量の評価

福井地裁による高浜原発三・四号機運転差止仮処分

三・一一後の原発訴訟は表V－2のような状況にある。このようななかで、新規制基準に適合しているとして再稼働が認められた原発にたいする最初の司法判断となったのは、住民の申立にもとづき、二〇一五年四月一四日に福井地裁(裁判長・樋口英明)が下した、関西電力高浜原発三・四号機の運転差止仮処分決定だった。

高浜原発三・四号機は仮処分決定時には定期検査で運転を休止していたが、関電は二〇一三年七月八日、原子力規制委員会に新規制基準への適合性審査を申請し、二〇一五年二月一二日に原子炉設置変更許可がなされた。この仮処分決定においても、最高裁の伊方原発訴訟判決が参照されている。樋口裁判長はそれを踏まえて「新規制基準に求められるべき合理性とは、原発の設備が基準に適合すれば深刻な災害を引き起こすおそれが万が一にもないといえるような厳格な内容を備えていること」と解すべきだとした。

そのうえで仮処分決定はつぎのように述べる。高浜原発三・四号機は債務者(関西電力)の主

表 V-2　3・11 後の原発訴訟

原発名	提訴日	請求内容	係属裁判所	被告
泊	2011. 11. 11	1・2 号機運転差止	札幌地裁	北電
大間	2011. 7. 28	建設，運転差止	札幌地裁	国・電源開発
大間	2014. 4. 3	設置許可無効等	東京地裁	国・電源開発
東海第二	2012. 7. 31	設置許可無効等	水戸地裁	国・原電
柏崎刈羽	2012. 4. 23	1-7 号機運転差止	新潟地裁	東電
志賀	2012. 6. 26	1・2 号機運転差止	金沢地裁	北陸電力
高浜	2016. 4. 14	1・2 号機運転延長差止等	名古屋地裁	国
美浜	2016. 12. 9	3 号機運転延長差止等	名古屋地裁	国
大飯（仮処分）	2011. 8. 2	3・4 号機の運転禁止	大津地裁	関電
高浜（第 2 次仮処分）	2015. 1. 30	3・4 号機の運転差止	大阪高裁	関電
美浜，大飯，高浜	2013. 12. 24	美浜 3，高浜 1-4 再稼働禁止，大飯 3・4 運転禁止	大津地裁	関電
大飯（仮処分）	2012. 3. 12	3・4 号機の運転差止等	大阪高裁	関電
大飯	2012. 6. 12	3・4 号機の運転停止命令	大阪地裁	国
大飯	2012. 11. 30	3・4 号機の運転差止	名古屋高裁金沢支部	関電
浜岡 3・4 号機	2011. 7. 1	1-5 号機の廃炉要求等	静岡地裁	中部電力
浜岡 3・4 号機	2011. 5. 27	3-5 号機の永久停止	静岡地裁浜松支部	国・中部電力
島根	2013. 4. 24	3 号機設置許可無効確認等	松江地裁	国・中国電力
伊方	2011. 12. 8	1-3 号機運転差止	松山地裁	四国電力
伊方（仮処分）	2016. 5. 31	3 号機運転差止	高松高裁	四国電力
伊方	2016. 3. 11	1-3 号機運転差止等	広島地裁	四国電力
伊方（仮処分）	2016. 6. 24	3 号機運転差止	大分地裁	四国電力
伊方	2016. 9. 28	2・3 号機運転差止	大分地裁	四国電力
伊方（仮処分）	2017. 3. 3	3 号機運転差止	山口地裁岩国支部	四国電力
玄海（仮処分）	2011. 7. 7	2-4 号機運転差止	福岡高裁	九州電力
玄海	2011. 12. 27	1-4 号機運転差止	佐賀地裁	九州電力
玄海	2013. 11. 13	3・4 号機運転停止命令	佐賀地裁	国
玄海	2012. 1. 31	1-4 号機運転停止	佐賀地裁	国・九州電力
玄海（仮処分）	2017. 1. 27	3・4 号機再稼働差止	佐賀地裁	九州電力
川内	2012. 5. 30	1・2 号機の運転差止	鹿児島地裁	国・九州電力
川内（仮処分）	2014. 5. 30	1・2 号機の運転差止	福岡高裁宮崎支部	九州電力
川内	2016. 6. 10	1・2 号機の設置許可変更取消	福岡地裁	国

出典：脱原発弁護団全国連絡会「全国脱原発訴訟一覧」2017 年 10 月 23 日

張するような安全性を備えるものではない。基準地震動を七〇〇ガルに引き上げたが、より大幅に引き上げそれに応じた耐震工事を実施すること、外部電源と主給水の双方について基準地震動に耐えられるように耐震性をSクラスにすること、使用済核燃料を堅固な施設で囲い込むこと、使用済核燃料プールの耐震性をSクラスとすることによってしか脆弱性を解消できない。さらに免震重要棟の設置は予定されているが、猶予期間が設けられている。しかるに「原子力規制委員会が策定した新規制基準は上記のいずれの点についても規制の対象としていない」。

このようにみる仮処分決定は、さらに厳しくつぎのようにいう。

「新規制基準は緩やかにすぎ、これに適合しても本件原発の安全性は確保されていない。［田中俊一］原子力規制委員会委員長の「基準の適合性を審査した。安全だということは申し上げない」という川内原発に関しての発言は［債権者第二準備書面一一頁、甲一二九・五四頁参照―二〇一四年七月一六日記者会見発言―筆者］、安全に向けてでき得る限りの厳格な基準を定めたがそれでも残余の危険が否定できないという意味と解することはできない。同発言は、文字どおり基準に適合しても安全性が確保されているわけではないことを認めたにほかならないと解される」。

こうして福井地裁は、「具体的危険性の有無を直接審理の対象とする場合であっても、規制基準の合理性と適合性に係る判断を通じて間接的に具体的危険性の有無を審理する場合のいずれにおいても、具体的危険性即ち被保全債権〔保全されるべき債権のこと―筆者〕の存在が肯定できる」として運転差止の仮処分決定を下した。

さきの研究会で外部講師さらに出席裁判官の語った伊方原発訴訟最高裁判決の「枠組み」は、樋口裁判長のもとでも維持されている。決定的な違いは、この「枠組み」にたいする裁判官の自律的解釈である。もともと、この「枠組み」は外見的にみるかぎり、行政庁による専門技術的裁量を「尊重せよ」とはいっていない。最高裁のねらいがどこにあったかは再論しないが、あのように述べることによって、海保寛も述懐するように、司法の現場では専門技術的裁量を「尊重すべし」としてとらえられていったのである。そこには裁判官の自律的思考の問題もさることながら、最高裁を頂点とした司法行政の問題が存在するといえるが、ここでは割愛する（拙著『司法官僚　裁判所の権力者たち』を参照されたい）。樋口裁判長は、三・一一シビアアクシデントを直視することによって、新規制基準とそれにもとづく審査における専門技術的裁量に行政庁の著しい錯誤のあることを見抜いた。この意味で「画期的」な審理であり、三・一一シビアアクシデントが生み出した司法の変化を象徴しているといってよい。

福井地裁の異議審――仮処分の取消

しかし、樋口裁判長の下した高浜原発三・四号機の運転差止仮処分決定は、関西電力による異議申立を審理した福井地裁の異議審（裁判長・林潤）によって二〇一五年一二月二四日に取消された。

この審理においても判断基準とされたのは、専門技術的裁量をどのようにとらえるかであり、さらに原子力規制委員会をいかに評価するかだ。さきにみた最高裁司法研修所の研究会では、外部講師の発言ではあるが、原子力規制委員会が高度の独立性をもつ組織であり最高裁の判断基準が「本当に妥当するようになった」とされた。異議審においてもこの発言と同趣旨の評価が下されている。

異議審は原子力規制委員会設置法の条文を述べたうえで、「法制度として、原子力規制委員会が、高度の専門的知見に基づいて中立公正な立場から独立して職権を行使できる態勢を確保する仕組みが採用されているといえる。さらに、原子力規制委員会の事務を処理させるために設置されている原子力規制庁（同法第二七条第一項）については、原子力規制庁長官は委員長の命を受けて庁務を掌理する（同条第五項）とすることで、原子力規制委員会及び原子力規制庁全体としての独立性が確保される組織構成となっている」とした。

そして、こうした原子力規制委員会・原子力規制庁への高い評価にもとづいて異議審は、つぎのように述べる。「発電用原子力施設の安全性に欠けるところがあるか否かについて、裁判所は、その安全性に関する原子力規制委員会の判断に不合理な点があるか否かという観点から審理・判断するのが相当である。……調査審議において用いられた具体的審査基準に不合理な点があり、あるいは当該原子力施設が上記具体的審査基準に適合するとした同委員会の調査審議及び判断の過程等に看過し難い過誤、欠落があるとき」安全性に欠けるところがあるといえるが、それは見出せないとした。

この論理は三・一一以前の原発訴訟における多数の司法判断と変わらない。行政庁による専門技術的裁量を「尊重」すべきとするものだ。しかも、原子力規制委員会の法的位置や専門性にたいする高い評価を前提としているから、最高裁伊方原発訴訟判決にも増して司法判断を行政庁の専門技術的裁量に従属させることになるといえよう。

実際、異議審は債権者(住民)が主張した原子力規制委員会の基準地震動、耐震安全性、使用済核燃料などの審査の不合理についてことごとく否定し、運転差止の仮処分決定を取消した。しかも仮処分取消決定は、原子力施設に「絶対的安全性」を想定することはできないから、「安全とは、当該原子力施設の有する危険性が社会通念上無視し得る程度にまで管理されていることをいうと解すべきである」とした。これまた三・一一以前の原発訴訟判決で繰り返されたフレーズだ。だが、「社会通念上無視し得る程度」とは何を意味するのか。それを明確にしない司法は、結局のところ新たな「原発安全神話」の形成を促しかねないといってよいだろう。

大津地裁による運転差止仮処分決定

ところで、高浜原発三・四号機に関する福井地裁の審理は仮処分決定―取消と流転したが、滋賀県の住民は同原発の再稼働差止仮処分を大津地裁に申立てた。大津地裁(裁判長・山本善彦)は二〇一六年三月九日に住民らの申立を認め、運転差止の仮処分決定を下した。

この大津地裁による仮処分決定は、樋口裁判長によってなされた福井地裁の仮処分決定の理由に比して、より具体的に新規制基準と原子力規制委員会の姿勢を問うものとなっている。もちろん、山本裁判長も最高裁伊方原発訴訟判決を仮処分決定理由の前提においている。そのうえで、債務者(関西電力)は新規制基準が福島第一原発事故を踏まえて形成されたものであるから、同様の事態は起こらないと主張するが、事故原因の究明はいまだ道半ばである。二度と同様の事故を起こさないとの見地から安全確保対策を講ずるためには原因究明を徹底しておこなわなくてはならない。「この点に意を払わないのであれば、そしてこのような姿勢が、債務者ひいては原子力規制委員会の姿勢であるとするならば、そもそも新規制基準策定に向かう姿勢に非常に不安を覚える」とした。

そして決定は過酷事故対策として「新規制基準において、新たに義務化された原発施設内での補完的手段［非常用所内電源系の設置、外部電源の喪失に備えたディーゼル発電機や電源車の配置等―筆者］やアクシデントマネジメントとして不合理な点がないことが相当の根拠、資料に基づいて疎明されたとはいい難い」とした。さらに使用済燃料ピットの冷却設備の危険性について、「新規制基準は防護対策を強化したものの、原子炉と異なり一段簡易な扱い（Bクラス）となっている。……安全性に関わる事項を審査の対象とすべきところ、原子炉施設にあっては、発電のための核分裂に使用する施設だけが基本設計に当たるとは考え難い」と、原子力規制委員会の判断に見過ごすことのできない過誤があると明確に断じた。

また、第Ⅳ章で取り上げた高浜原発三・四号機の再稼働に関する原子力規制委員会の審査における焦点であった基準地震動についても厳しい判断を下した。

新規制基準は基準地震動の策定で考慮されるべき地震動の大きさに影響をあたえるパラメーターについて詳細な検討を必要とするものである。債務者（関西電力）は既知の活断層一五個のうち、FO―A～FO―B～熊川断層および上林川断層を最も危険なものとして取り上げ、かつこれらの断層については、原子力規制委員会の審査の過程を踏まえ、連動の可能性を高めに、また断層の長さを長めに設定したと主張する。だが「債務者の調査が海底を含む周辺領域全てにおいて徹底的に行われたわけではなく……それが現段階の科学技術力では最大限の調査であったとすれば、その調査の結果によっても、断層が連動して動く可能性を否定できず、あるいは末端を確定的に定められなかったのであるから、このような評価(連動想定、長め想定)をしたからといって、安全余裕をとったといえるものではない」と断じた。

基準地震動問題と直結する津波にたいする安全性能においては、最大の論点は一五八六年の天正地震により多大な犠牲者がでた大津波だ。この震源が確実に海底であったかどうかは確認できない。だが、「債務者が行った津波堆積物調査や、ボーリング調査の結果によって、大規模な津波が発生したとは考えられないとまでいってよいか、疑問なしとしない」とした。

関西電力は債権者(住民ら)への反証として、新規制基準に適合するように安全性の再確認をおこない設置変更許可を申請し、原子力規制委員会がそれを新規制基準に適合と判断したのだから、安全性は確保されていると主張した。そこには裁判所が行政庁による専門技術的裁量を「尊重」するとの期待があったであろう。だが、大津地裁の山本善彦裁判長は、福井地裁の樋口英明裁判長と同じく専門技術的裁量の「過誤」を果敢に指摘し、最高裁伊方原発訴訟判決の

「枠組み」の意味内容の転換を図ったといえよう。

専門技術的裁量の「尊重」に避難計画をふくめた司法

これまで関電高浜原発三・四号機の運転差止をめぐる審理をみてきた。原子力規制委員会によって新規制基準への適合を認められた原発をめぐる係争は、当然、各地でうまれている。司法判断の中身は高浜原発三・四号機をめぐる相対立する判断と基本的に同一である。それらの詳細な叙述はある意味で「煩雑」であるから割愛する。ただし、そのようななかにあって住民避難計画をふくめて再稼働を認めた鹿児島県の九州電力川内原発についての司法判断をみておこう。

福井地裁による先の仮処分決定から八日後の二〇一五年四月二二日、鹿児島地方裁判所(裁判長・前田郁勝)は、住民による九州電力川内原発一・二号機の運転差止仮処分申立を却下した。ここでも原子力規制委員会の調査審議および判断過程が厳格になされたものでなく、看過し難い過誤、欠落があるかどうかが、判断基準とされた。そして、新規制基準は「原子力利用における安全性の確保に関する専門的知見等を有する委員長及び委員から成る原子力規制委員会によって策定されたものであり、その策定に至るまでの調査審議や判断過程に看過し難い過誤や欠落があると認められない。またその内容をみても明らかに不合理な点は見出せず……安全目標を踏まえて策定されたものと解される」とした。したがって、このような新規制基準への高い評価からは、当然のように基準地震動、火山噴火までふくめて申立人の主張には理由がないとされた。

ただし、この鹿児島地裁の決定が、他の司法判断に比して「ユニーク」なのは、新規制基準に定められていない住民避難計画の妥当性に触れている点だ。もちろんそれは住民らが避難計画の「杜撰」さを申立理由にくわえているからである。

決定は、原子力災害対策重点区域とされた川内原発の立地自治体である薩摩川内市にくわえて、いちき串木野市、阿久根市、鹿児島市、出水市、日置市など七市二町の避難計画を検討したうえで、「本件避難計画等は、原子力防災会議においても、合理的かつ具体的に定められたものとして了承され、緊急時においては原子力事業者間協定に基づき他の原子力事業者からの支援も予定され、実際の緊急時を想定して国や鹿児島県等による原子力総合防災訓練も実施されている。したがって、本件避難計画等は、現時点において一応の合理性、実効性を備えているものと認めるのが相当である」とした。

住民らは鹿児島地裁による川内原発の仮処分申立却下を受けて即時抗告した。これを審理した福岡高裁宮崎支部（裁判長・西川知一郎）は、抗告を棄却した（二〇一六年四月六日）。ここにおいても川内原発一・二号機が新規制基準に適合しているとの論理は、鹿児島地裁と同一である。さらに避難計画についても、「本件避難計画等は、その内容が防災基本計画及び原子力災害対策指針に適合するものであって、原子力防災会議において、本件原子炉施設からの距離に応じた対応策が合理的かつ具体的なものとして定められていることを確認したとして了承されたものである」とした。

このように川内原発をめぐる鹿児島地裁と福岡高裁宮崎支部の決定は、原子力規制委員会の専門技術的裁量の「尊重」を繰り返している。ただし、注目したいのは、原子力規制委員会の原子力災害対策指針および内閣の原子力防災会議による確認が、従来の専門技術的裁量の「尊重」と同一のレベルで扱われていることだ。原子力災害対策指針も専門家がその叡智をあつめて策定したものと捉えられており、かつての原子力安全委員会の安全設計審査指針、原子力規制委員会の新規制基準にくわえて、専門技術的裁量の「尊重」対象を拡大していることだ。

第Ⅳ章で述べたように原子力規制委員会の新規制基準は、原発の安全規制審査の対象に立地自治体や周辺自治体の地域防災計画・住民避難計画の適合性審査をふくめていない。これ自体、繰り返すまでもなく新規制基準の重要な「欠陥」といわねばならない。たしかに、原子力規制委員会は二〇一二年一〇月三一日に「原子力災害対策指針」を定めた。現在の指針は二〇一七年七月五日に「全部改正」されたものである。しかし、これは原子力規制委員会が自ら語るように、「原子力事業者、国、地方公共団体等が原子力災害対策に係る計画を策定する際や当該対策を実施する際等において、科学的、客観的判断を支援」することを目的とするものである。したがって、指針は原子力規制委員会による地域防災計画・住民避難計画の評価基準ではなく、計画作成のマニュアルにすぎない。

こうした原子力規制委員会の審査の「欠陥」を踏まえるならば、司法が住民の生活権の保障に照らして地域防災計画・住民避難計画の適格性を審査対象とし、原発の再稼働の是非を判断することは、当然の行動といってよい。だが、地域防災計画・住民避難計画の策定はあくまで自治体の責任による業務である。住民の間には避難計画に多様な議論がある。いったい、これがいかなる市民の参画のもとに決定されたのか、他の行政機関などとの連携計画は、いかなる議論を踏まえてつくられたのか。司法が地域防災計画・住民避難計画を審査対象とするならば、これらの点について自ら調査審議せねばなるまい。しかし、鹿児島地裁も福岡高裁宮崎支部もそのような能動的な審理をおこなわなかった。原子力規制委員会の「原子力災害対策指針」に適合しているかどうかが、もっぱら審査の焦点とされた。

裁判所は電力事業者の原発設置許可変更の申請と原子力規制委員会の結論に関しては、両者の述べる専門技術的主張に瑕疵があるかないかを審査の焦点とすればよい。だが一歩進んで、仮処分の申立人から住民避難計画の実効性に関する判断をもとめられたならば、裁判所は避難計画が経済社会的にもライフスタイルにおいても多様な人びとが暮らす地域社会に妥当なものであるのか、つまり地域防災計画・住民避難計画を自治の問題として取り扱い、能動的に調査審議せねばならないはずだ。

ところが、鹿児島地裁も福岡高裁宮崎支部も、そのような能動的な審査をおこなわずに、原子力規制委員会による住民避難計画作成のマニュアルまでをも専門技術的裁量ととらえ、その「尊重」を司法判断の基準としている。今後、こうした判断が判例として積み上げられていくならば、三・一一後の司法は、「変わらない」どころか原発の安全性の「確認」を行政庁の専門技術的裁量に一段と従属させることになる。

3　司法の二極分化を進める視点

二極分化はやがて司法を変える

三・一一後の原発訴訟における司法判断には、専門技術的裁量の範疇に原子力災害対策指針や原子力防災会議の「確認」をもふくめて行政庁の判断を「尊重」し、原発の再稼働を促進しようとする動きがみられる。その一方において、福井地裁や大津地裁のように、原子力規制委員会の組織や新規制基準への疑問とその不合理を論じる司法判断が登場している。さきにも述べたように、三・一一以前における地裁レベルでの運転差止判決は、北陸電力志賀原発二号機に関する訴訟の一件にすぎなかった。現在係争中の裁判にくわえて今後、運転差止の提訴ないし仮処分申立は増加していくであろうから、日本の司法の基層における判断は、二極分化を続けていくのではないか。

このような傾向は、原発訴訟のみならず日本の司法にとって大きなインパクトをもつといえよう。たとえ、地裁による原発再稼働の差止判決(仮処分)を高裁、最高裁が棄却したとしても、司法制度の最基層において審判が異なる状況が多出するならば、上級審はステレオタイプ化した判決を出せなくなるであろうし、従来の司法にみられる「上意下達」のシステムは揺らぐ。少なくとも、最高裁には大いに「躊躇」が働くはずである。この二極分化なる傾向を拡大させるためには、何が問われているのか。

地裁レベルにおける判断を分化させているのは、再論するまでもなく専門技術的裁量にたいする評価である。原子炉等規制法の定める規制対象や原子力規制委員会による新規制基準の策定とその適合性判断が、原子力規制庁に所属する原子力工学やその関連分野の専門家によってなされている。対して裁判官は、原子力工学等の専門家としてのトレーニングを積み重ねてきた訳ではない。もちろん、原発再稼働の是非のいずれであっても結論を下した裁判官たちが、原発の技術体系や規制基準について学習の努力を重ねたことは、判決(決定)文から読みとれる。とはいえ、それは基礎的ないし初歩的なレベルでしかない。このかぎりにおいて、単純に専門的知識を比較衡量するならば、原子力規制委員会や電気事業者、その関連団体における専門的知識はあきらかに司法に勝っている。

司法の本来的役割

けれども、司法の役割は原発訴訟にかぎらず、市民(生活者)の感性を備えて法規範を解釈し紛争のジャッジメントを果たすことにある。たとえば、衆参両院選挙の「一票の格差」問題で司法はかつて五倍を超えるにもかかわらず合憲としてきた。さすがに今日、このような不合理を認める司法ではなくなっているが、それは市民の感性に裁判官たちが近づいたことを意味していよう。専門科学的知識においても、「最新の科学的、専門技術的知見にもとづく総合的判断が必要」と原子力規制委員会は強調し、同調する司法も存在する。だが、特定の科学的・専門技術コミュニティは、自らの決定に内在する「欠陥」に気付かないことが多い。だからこそ、専門科学的・技術的知見なるものは、市民の眼、市民の感性にたえず応えるものでなくてはならないのだ。まさに、現在の司法を分岐させているのは、市民の感性をもって原発の再稼働に関する専門技術的判断の当否をみるかどうかなのであり、それは一部の研究者や評論家が指摘する「反知性主義」ではけっしてない。

原発の「安全性」についても同様のことがいえよう。原子力規制委員会は、その危険性が社会通念上容認できる範囲にあり、その危険性の相当程度が人間によって管理できる場合には、危険性と科学技術の利用によって得られる利益の大きさを比較衡量したうえで、これを一応安全として利用するという「相対的安全性」によるべきだ、とする。鹿児島地裁もまったく同じ判断をおこなった。今後も「相対的安全性」が一部の司法において語られるであろう。ただし、ここにおいても福井地裁、大津地裁と他の裁判体を分岐させているのは、「社会通念上の容認範囲」および「人間による管理可能」にたいする市民の感性に立った評価といえよう。

福井地裁による高浜原発三・四号機の運転差止仮処分決定の翌日、読売、産経、日経の各紙は、異口同音に「ゼロリスク信仰」「こんな司法判断が続けば自動車にも乗れない」と批判した。もちろん科学技術を用いた装置にゼロリスクはありえない。ただし、原発事故の特異性は、その負の効果が長期にわたって持続することであり、それを制御することがほとんど不可能であることだ。高レベル放射性廃棄物の放射能レベルが十分に低くなるまでにきわめて長期（数万年以上）の時間を要する。どうやって管理可能なのか。技術革新によって管理するといっても事故の確率を下げるだけであって、取り返しのつかない人間の生命をふくめた生態系の破壊を避けられる訳ではない。

政府は原発を運転することの「安全性」を強調するが、電源施設には再生可能エネルギーによる発電をはじめとして、あきらかに「相対的に安全」な選択肢がある。原発に代替する電源施設を提示することは、原子力規制委員会のミッションではないが、司法は代替施設、選択肢を考慮に入れて原発の「安全性」を判断できる。司法はその意味で複眼的であるべきなのであり、それによって司法判断の一層の分化を促しうる。

政治・政策的裁量と不可分の専門技術的裁量

ところで、先にみた司法研修所の研究会や福井地裁異議審、鹿児島地裁・福岡高裁宮崎支部の決定にみるように、原子力規制委員会の法的地位(国家行政組織法の三条機関)を前提として、専門技術的裁量の「中立性」を主張しうるのだろうか。行政庁の専門技術的裁量に「看過しがたい過誤・欠落」があるか否かが、三・一一以前からもっぱら司法判断の主流を形成してきた。専門技術的裁量(判断)による決定といえば、それはなにやら政治的に「中立」な響きをもつ。だが、それは在野の民間組織がおこなったものではない。

あくまで司法判断でいう「専門技術的裁量」は、政府機関によってなされたのである。原子力規制委員会が三条機関であるから政治的に中立な専門技術的裁量をなしうるとするのは、きわめて皮相的な評価でしかない。すでに原子力規制委員会の組織構造は論じたが、「経済活動に原発は必要」という基本を維持したうえでの判断であるのは否定しようのない事実だ。最高裁を頂点とした日本の司法には、政府の政策を「基本的に正しい」とする思考が濃厚である。だがそれは司法の原点を放棄するに等しい。原発訴訟においても、政治的裁量から無縁の行政庁による「中立」な専門技術的裁量はありえないという当然の認識が問われている。裁判官たちがこのことを審理の根底におくならば、その判断は「看過しがたい過誤・欠落」の発見につながっていくであろう。

こうした展望を切り拓くためにも、裁判官たちには憲法保障された「自立した裁判官」の実質化にむけた活動をもとめたい。

自立した裁判官

裁判において基本的に三審制が採用されているが、このことは裁判官の階統制的関係を意味するものではないし、各級裁判所の上下関係を制度化したものでもない。裁判官は個々に自立した存在であることは憲法保障されているし、各級裁判所の司法行政上の意思決定はそれぞれの裁判官会議によることが裁判所法に定められている。裁判官は相互に対等なのであり、長官・所長は行政省庁の長のような最高意思決定機関ではない。

この法的かつ制度的原点は見失われるべきではない。日本の司法機構が実態として高度に官僚制化されているのは否定しえないが、個々の裁判官の自由な研究・言論活動が禁止されている訳ではない。現に小渕恵三政権による司法制度改革時には、現職の裁判官によって日本裁判官ネットワークがつくられ、司法改革についての議論と提言が繰り返された。また少し時代をさかのぼるならば、「ブルーパージ」といわれた青法協(青年法律家協会)に参加する裁判官に退会をせまった最高裁事務総局に対抗して、全国裁判官懇話会が結成された。それは「司法の民主主義」の確立にむけて研究会や討論集会を重ねた。

こうした歴史に照らすならば、裁判官は三・一一シビアアクシデントの現実を踏まえた自由闊達かつ自主的な研究・討論の場を創ることができるはずである。原子力規制委員会による専門技術的裁量とはいかなるものであるのか、新規制基準がいう「安全基準」は国際基準に照らしていかに評価できるのか、原発立地自治体および周辺自治体の避難計画は適切であるのか、原子力規制委員会・原子力規制庁は、政治的に「中立」だと評価しうるのか。これらは裁判官たちの自主的な研究組織の重要なテーマである。

別に裁判所にかぎられないが、多くの組織において構成員による自主的な組織点検活動や調査研究の動きが停滞しているとされる。だが、裁判官たちは多様な領域における人間の尊厳の確立を希求してその職を志したはずである。とするならば、裁判官の独立をふまえた研究活動への志向は生き続けていると考えたい。裁判官たちによる自主的な研究活動の展開が、市民の目線に立った原子力安全規制行政にたいする司法判断の基礎条件となる。

終章　原子力規制システムは、どうあるべきなのか

フクシマは終わっていない

二〇一七年三月をもって政府は帰還困難地域をのぞいて避難指示区域をつぎつぎと解除した。また政府と福島県は避難指示区域外から各地に避難した人びと(いわゆる「自主避難者」)への住居の無償提供を打ち切った。政府や福島県は、避難指示区域の大半において年間放射線量が二〇ミリシーベルト以下に低下し「安全」な生活ができるようになったと繰り返しているが、住居周辺の山林の除染作業はまったくおこなわれていない。というよりも、被災地を歩けばすぐに分かるように、手の施しようがないのが実態だ。田園は除染作業の排出物を納めた黒いフレコンバッグ(巨大な袋)で覆われ、かつての長閑な田園風景は見る影もない。

避難指示区域の解除に応じて旧来の住居に帰還した人びともいる。マスコミは帰還した人びとの「喜びの声」などを拾った報道を展開しているが、依然として原発事故の避難民の多くは避難先にとどまっている。それは無理もないことだ。年間放射線量二〇ミリシーベルトは心ある多くの学者が指摘するように「安全値」ではない。政府は三・一一以前には一ミリシーベルト以下を「安全値」としていたが、避難指示区域の設定にあたって「暫定的」に二〇ミリシーベルトをもって線引きしたのだ。それゆえ、二〇ミリシーベルト以下に低下したといっても低線量被曝は避けがたいのであって、健康被害を危惧する人びとは多い。とりわけ年少の子どもをもつ保護者は敏感にならざるをえない。帰還を果たそうにも、生活の拠点としうる就業先もかぎられている。さらにすでに六年余の歳月が経過しており、それぞれの事情にもよるが、避難先での生活を将来にわたって定着させたいと考えている人びともいる。

三・一一シビアアクシデントによって避難を余儀なくされた人びとにとって、喜怒哀楽をかさねて暮らした地域は、人間による統御不可能な巨大技術装置によって奪われたのだ。しかも、事故原因の徹底した究明はおこなわれていない。事故を起こした原発の廃炉がいわれるものの、原子炉格納容器内(それをも突き破っている)に融け落ちた核燃料(燃料デブリ)の位置も形状も分かっていない。取り出す技術すら確立されていない。一時は原子炉格納容器を冠水させて燃料デブリを取り出すとしていたが、格納容器が損傷していて補修しないことには不可能とされている。いずれにせよ、高い放射線量を放出し続けている燃料デブリを安全に取り出して廃炉にする工程は、時間的にも経費的にもまったく見通せないのが現状だ。

電源として原発の利用の是非を社会に問うならば、調査メディアによって若干の違いがあるもののほぼ五〇%強から六〇%の人びとが否定的である。フクシマの現実を直視するならば、その声は妥当であり、再生可能エネルギーへの根本的転換の声はもっと大きくなって当然である。けれども、既存の原発の再稼働、その一環としての老朽原発の寿命延長の声は、政府のみならず経済界さらには立地自治体の首長や議会から発せられている。しかも前章でみたように、司法の一部は原発に疑問をもつ人びとの訴えを拒絶している。こうした原発依存を継続させようとする声をささえているのは、すでにみてきたように原子力規制委員会の行政機関としての位置と「世界一厳しい」という新規制基準への素朴な「信頼」であるといってよい。

長期にわたる原子力規制機関の必要性

韓国の文在寅・新政権は原発の新設および既存原発の寿命延長を認めないとした。対岸の未曽有の原発事故は、新政権に重大な政策転換を迫ったのであり、このまま推移するならば、韓国は近い将来に原発ゼロの国となることであろう。

ところが、当の日本では文在寅政権とは異なり、政権・政権党はもとより野党の一部もふくめて原発ゼロにむけて舵を切ろうとする動きは低調である。だが、政治エリートと社会の底流の認識に違いがあるのは、ある意味で常態である。したがって、この乖離を埋めていくために原発なるものへの市民の感性をもとにした各種の試みがなされねばならない。またそれを脱・反原発市民運動の展開はもとより、社会的に主張していかねばならないだろう。

その際に、当面、日本の政治に原発政策の転換を期待しえないとしても、主たるターゲットとされるべきなのは、原子力規制行政機関のあり方だといえよう。「フクシマのシビアアクシデントを繰り返さない」を立法趣旨とした改正原子炉等規制法は、あらためて原発の運転期間(寿命)を四〇年と定めた。従来、原発の寿命に関する明文規定がなかったことを踏まえるならば、これは大きな進歩である。現に電力事業者は、採算性を考慮した上でのことだが、一部の老朽原発の廃炉を決定している。ただし、改正原子炉等規制法は四〇年の運転期間終了後も原子力規制委員会の審査に合格するならば、一回にかぎって最大二〇年の運転延長を可能とした。当時の民主党政権にすれば「例外中の例外」規定であったかもしれないが、この一件にかぎらず、法文中の「但書」は独り歩きする。三・一一シビアアクシデントから六年余のいま、改めて問われるべきなのは寿命延長の例外規定を改正原子炉等規制法から削除することだ。そのうえで、原発の再稼働に関わる審査機関、より直接的には原子力規制委員会の改革を追求していくことである。

原子力規制機関は、原発の再稼働審査のためだけに必要とされているのではない。かりに発電用原子炉がすべて運転を停止したとしても、廃炉の工程はきびしく審査され外部へ管理されねばならない。原子炉の解体工程はもとより使用済核燃料から高濃度の放射性物質が放出されることはあってはならない。発電用原子炉とは別に研究用原子炉は存続するであろうから、その安全規制は厳格に実施されねばならない。発電用原子炉から大量に排出されている放射性廃棄物の最終処分はまったく見通せていない。経済産業省は二〇一七年七月二八日に、高レベル放射性廃棄物の最終処分場に適した可能性のある地帯を図示した「科学的特性マップ」を公表した。同省はこのマップをもとに各地で説明会を開催しており、今後、対象地域自治体を絞り込み交渉するとしている。三・一一以前の電源三法交付金を用いた原発立地のような「政治的恩顧主義」に容易く同調する自治体が出現するとは思えないが、廃棄物の処理を政治の論理にゆだねてはならないのであって、政治的中立性の保証された原子力規制機関によって廃棄のシステムが管理されねばなるまい。

原子力委員会、原子力安全委員会、経産省原子力安全・保安院は、原子力規制機関とされながらも原子力推進機関として「脚光」を浴びてきた。だが、今後の原子力規制機関は「原発ゼロ」社会を見据えた規制機関として歩まねばならない。それは三・一一時点で運転中であった原発だけでも五四基を数えた「超原発依存国」の「破産管財人」のようにとらえる向きがあるかもしれない。だが、放射性廃棄物の排出という当然の結果に眼を向けることなく推進を図ったことの事後処理であるにしても、社会的にも専門科学・技術的にも、大きくかつ重要な意義をもつといえる。

原子力規制委員会の独立性は幻想

それでは原子力規制機関はどのようなものとして設計されるべきなのだろうか。前章までに述べてきた原子力規制委員会・原子力規制庁の組織・人事を簡単に振り返っておこう。

三・一一シビアアクシデントを「繰り返さない」として設けられた新たな原子力規制機関である原子力規制委員会の組織構造や原発再稼働審査の特徴を一言でいうならば、同委員会は「政治的中立性」の衣を纏いつつも政権への同調が濃厚であることだ。

これまでみてきたように、原子力規制委員会が国家行政組織法第三条にもとづく行政委員会であることをもって、その中立性を高く評価する言説はかなり一般化している。だが、省の外局である行政委員会も内閣府の外局である行政委員会も、いまや多数にのぼる合議制機関の一部であり、また逆に三条機関と類似の機能をもつ合議制機関も存在する。原子力規制委員会が国家行政組織法第三条にいう委員会として設置されたからといって、原子力規制機関に相応しい独立性・中立性を備えているということはできない。

野田佳彦政権のもとの内閣官房原子力規制組織改革準備室は、二〇一二年七月三日、原子力規制委員会委員長ならびに委員の要件として、原子力規制委員会設置法第七条第七項の定める欠格要件(第II章)に関するガイドライン「原子力規制委員会委員長及び委員の要件について」を定めている。そこでは①就任直近三年間に、原子力事業者およびその団体の役員、従業者等であった者、②就任前直近三年間に、同一の原子力事業者等から、個人として、一定額以上の報酬等を受領していた者は、委員長・委員から除外されるとしていた。

だが、この欠格事項は当の野田政権、その後の安倍政権に守られてきたとはいい難い。原子力規制機関の政治や経済界からの機能上の独立性を確保するためには、たんに委員が「人格が高潔であって、原子力利用における安全の確保に関して専門的知識及び経験並びに高い識見を有する」(設置法第七条第一項)だけではなくて、事業者との過去の関係が精査されねばならないのである。

原子力規制機関の組織的独立性は、委員人事と表裏の関係にあるが、すでに述べたように、安倍政権はまさに政権の意に適う委員を就任させるために、委員の任期切れを名分とした人事をおこなった。国会同意人事のあり方はのちに述べるが、国会の同意を得たことは組織の独立性を保証するものではない。また原子力規制委員会への高い評価は、法形式的な委員長・委員人事にのみ注目し、事務局とされる原子力規制庁人事を視野に収めていないといわねばならない。

原子力規制庁については第Ⅱ章で論じており、再論はできうるかぎり避けるが、フクシマの事故の再来を起こさないためとして、「ノーリターンルール」が原子力安全委員会、原子力安全・保安院、文科省などの原発推進機関から異動した職員に課された。これにも「特別の事情」がある場合には五年以内にかぎって「リターン」を認める「例外規定」が設けられた。だが、幹部人事の実態をみるならば「有名無実」も甚だしい。原子力開発・推進機関からの組織的独立性はきわめて弱体なのだ。

さらに原子力規制庁人事に問い直しておきたいのは、初代規制庁長官をはじめとして幹部に警備(公安)警察官僚が就任していることだ。原子力規制庁の幹部ポストは警察庁に割り当てられているかのようだ。二〇一七年六月、原子力規制庁は原子力研究をおこなっている大学にスタッフ・学生の身元を確認するように指示した。「原子力利用の安全性の確保」というが、思想調査に通じかねない。すでに電力事業者などではこうした調査がおこなわれているのではないか。ともあれ、安倍政権の一連の国家主義的政治動向を慮ってか、原子力規制庁の動きはきわめて政治的であるといわねばなるまい。

このようにみるとき、司法までふくめて原子力規制委員会を「独立性の高い中立的な規制機関」というのは、あきらかに「幻想」だといえる。新たな原子力規制機関の基本は、政治的かつ経済的圧力に左右されない独立性の高い組織構造を備えることである。それを現行の行政組織法制のなかで追究し、原子力規制委員会・原子力規制庁のオルタナティブとして提起していく必要があろう。

原子力規制機関を内閣の統轄から外す

環境省の外局として設けられている原子力規制委員会をふくめて、日本の行政機関のほぼすべてが内閣の統轄下にある。とりわけ内閣府は設立の目的からいって政権の意思に高度に応えていかねばならないが、他の内閣統轄下の省・委員会・庁もまた「閣内不統一」が問題視されない程度に執政部である内閣の意を踏まえて政策の立案・実施を担っていかねばならない。

こうしたなかで内閣の統轄下にない中央行政機関は、会計検査院と人事院である。会計検査院は憲法第九〇条を基本的根拠とし会計検査院法にもとづき設置されており、「内閣に対し独立の地位を有する」(会計検査院法第一条)合議制の行政機関である。人事院は三名の人事官からなる合議制機関であり、国家公務員法に設置の根拠をもっている。同法の第三条第一項前段は「内閣の所轄の下に人事院を置く」と規定した。

「所轄」という言葉は、行政実務上はかなり多様な使われ方をしているが、ここでいう「内閣の所轄の下に」は、その字面から受ける印象とは逆に、内閣からの高度の独立性をしめしている。つまり人事院は業務の実施について内閣の指揮、命令、監督を受けることなく完全に独立して業務をおこなうことが認められており、事務総局は国家行政組織法の対象ではなく、組織の編成管理権は人事院に全面的にゆだねられている。予算については特例的な取扱いが認められている。人事院の予算案は内閣に提出されるが、内閣がこの予算案に異議がある場合には、内閣は人事院の予算案と自らの予算案の二つを国会に提出せねばならない（二重予算制度という）。内閣は三名の人事官の任命権をもつが、任命にあたっては国会の同意を必要とし、解任権はもたない。しかも、人事官の選任にあたっては「任命の日以前五年間において、政党の役員、政治的顧問その他これらと同様な政治的影響力を持つ政党員であった者」は除外すると明文規定している。

こうした中央人事行政機関としての人事院は、内閣にたいして勧告権をもつとともに人事院規則等の制定と勤務条件に関する行政措置要求や不利益処分の申立についての準司法的権限を有している。

日本国憲法が議院内閣制を定め「行政権は、内閣に属する」と規定したことは、行政を内閣の統制下におき責任体制を明確にするとともに、「国権の最高機関」である国会による民主的統制をくわえようとするものである。したがって、現行憲法のもとでは業務の中立性や専門性を重視して内閣から完全に独立した行政機関を設けることは難しい。人事院の法的位置を表現する「内閣の所轄の下」は、現行憲法体制の枠内において政権からの独立性の高い機関をおく、ある意味で「苦肉の表現」といってよいだろう。原子力規制機関についても日本国憲法を「改正」せずに政治的中立性と専門性の高い独立行政委員会として設置する道として、設置法にもとづき「内閣の所轄の下」におくことが考えられる。

原子力規制委員会・原子力規制庁の根本的改革

新しい原子力規制機関は、以上の視点に立って原子力規制委員会・原子力規制庁の改革として進められればよい。原子力規制委員会設置法を改正して「内閣の所轄の下に置く」行政委員会と定めることである。委員は委員長をふくめて五人が妥当であろう。人事院と同様に任命権は内閣におくものの、任命にあたっては衆参両院の同意を必要とする。内閣は当然、委員の解任権をもたない。委員の欠格事項は、現行の原子力規制委員会設置法の規定をより厳格なものに改める必要がある。すくなくとも「就任時には辞めている」といった政治的強弁が通用しないように「任命の日以前一〇年間に」としたうえで、欠格事項として原子力事業者の役員・従業員でないこと、原子力事業者等からの報酬、研究資金等を受け取っていないことを明記すべきだ。さらに、「原子力事業者」とは何を指すのかを、設置法上に明記する必要がある。

委員選任の規定を法的に厳格にしても、国会への委員選任同意案件の発議権が内閣におかれるかぎり、内閣の政治的意思が反映される余地が残る。それを避けるために、国会同意人事案件の審議過程もまた、改革されねばならない。

会計検査院、人事院をはじめ原子力規制委員会やその他の行政委員会(三条機関)、一部の審議会等(八条機関)の委員選任にあたって、国会同意を要するポストは数多く存在する。だが、これは国会側の「怠慢」だが、委員候補を国会に招き所信を聞いたうえで質疑を交わし、そのうえで同意の諾否を決することなどまったくの例外に属す。原子力安全規制という重大なミッションに照らすならば、国会は内閣のしめした委員候補の過去の研究実績や言動を調査・収集するとともに、委員候補を招いて公開の場で質疑応答すべきなのだ。市民がひろく納得しない委員であっては、原子力安全規制への信頼はうまれない。国会は先例を踏襲するのではなく、同意人事案件の審議のあり方について徹底した見直しを果たさねばなるまい。

こうして成立する新たな原子力規制機関は、準立法機能として規則制定権をもち、原子炉の設置処分権限から廃炉、さらに使用済核燃料の管理、それらの最終処分についての規則制定権をもつ。当然のことだが、「世界一厳しい」とされてきた新規制基準は、高度に内閣から独立した専門機関によって見直されよう。現在の原発がそれに適合しているか（バックフィット）の審査はオープンの場で徹底的におこなわれることになる。さらに、第Ⅳ章で論じたように、新規制基準からは原発事故からの住民避難計画が欠如している。鹿児島地裁や福岡高裁宮崎支部は「決定」において、新規制基準に定められていない住民避難計画を原子力規制委員会の計画作成ガイドラインにもとづいて「適正」としたが、それは司法の重視すべき「法の支配」からの逸脱なのだ。また住民避難計画を原発設置や再稼働の規制基準に含めるのは当然として、それ以前に原発ならびに使用済核燃料の廃棄施設の審査は、立地自治体の合意を前提とすることが法定されねばならない。新たな原子力規制機関には、こうした審査結果を国会と内閣に報告するのは当然として、審査などで得られた知見をもとにして政府の進めるエネルギー政策にたいする勧告権が付与されねばならない。

ところで、この新たな原子力規制機関の事務局をいかに構成するかは、五人の委員会による決定事項である。内部組織の構成をどうするかは、規制機関の中立性と専門性を十分にささえうる補助機関として構想されるべきである。職員人事については規制機関のミッションに照らして能力や経歴を厳格に判断し任用すべきである。内閣統轄下の原子力政策に関わる職員の事務局への異動はあってはならない。ましてや警察官僚を事務局幹部に就任させることなど論外といわねばなるまい。

三権分立を基本としたダブルチェック体制

原子力規制委員会は国家行政組織法にいう三条機関だが、環境省の外局である。新たな原子力規制機関を内閣の統轄から外し、「内閣の所轄の下」におくことによって、その独立性は格段に高まる。とはいえ、そのことは新たな原子力規制機関の行動にたいするチェック機関を不必要とするものではない。原子力安全規制のセーフティネットは、二重・三重に設けられてしかるべきである。

三・一一シビアアクシデント以前においても、すでにみたように有沢廣巳を座長とした原子力行政懇談会の最終報告以降、原子力安全規制機関のダブルチェック体制は設けられていた。だがそれは内閣統轄のもとの行政機構内における組織であり、アクセルとブレーキの力学が働くような制度条件を備えるものではなかった。新しい原子力規制機関を「内閣の所轄の下」におくことによって内閣からの独立性を確保しうるが、それでもなおダブルチェック体制を必要とする。ただしそれは、行政機構内で構想するのではなく、三権分立体制のもとで考えられるべきであろう。

その一翼は司法によって担われる。司法は原子炉等の設置許可処分の取消、原発の運転差止、再稼働の禁止、核燃料廃棄物の処分場の設置などについて最終的な決定権限をもっており、しかもその組織的地位は憲法保障されている。

もちろん、原発訴訟にかかわる裁判官たちが、ダブルチェック機関としてのミッションを縦横に果たすためには、前章で述べた自主的な調査研究のネットワークの構築のみでは不十分である。最高裁を頂点とする司法機構の改革を必要とする。それは拙著『司法官僚 裁判所の権力者たち』で論じたが、裁判官の任用、報酬、異動(転所)などの人事管理の改革、各級裁判所の裁判官会議の復権、それとの裏腹で官僚制構造を強化している最高裁事務総局の改革、そして裁判所情報公開法の制定など、きわめて多数の課題が山積している。これらの課題は小渕恵三政権が鳴り物入りで設置した司法制度改革審議会でも、ほとんどアジェンダとされなかった。したがって、司法機構改革は一朝一夕に実現するものではない。

しかし、この動かない司法改革をまえにして、いささかの自負を込めていえば、右の拙著の刊行後、瀬木比呂志『黒い巨塔 最高裁判所』(講談社)、同『絶望の裁判所』(講談社現代新書)、泉徳治『一歩前へ出る司法』(日本評論社)、小説の形態をとってはいるが黒木亮『法服の王国』(上・下、岩波現代文庫)など、高度に官僚制化が進んだ司法の実態と問題点を論じる著書が相次いでいる。瀬木は三〇年余にわたる裁判官のキャリアをもつ大学教授、泉はキャリアの大半を最高裁事務総局のエリート司法官僚として歩み、最高裁判事に上り詰めた人物である。こうした言論が近い将来の司法改革につながることを期待しておきたい。

国会こそ、ダブルチェック体制の要

原子力安全規制行政のダブルチェック体制を担うべきなのは、司法にも増して「国権の最高機関」である国会である。ところが、議院内閣制のもとの国会は、いかに内閣を通じて個別の利益の実現を図るかを焦点とした政党政治の抗争の場となり、三権分立体制の要であることを自覚した行政の調査・監視機能を疎かにしていると批判される。

とはいえ、国会は三・一一シビアアクシデントの衝撃の凄まじさゆえであるとしても、国会事故調査委員会の設置法を制定し、事故原因の究明に乗り出した。国会事故調査委員会にはなお多くの追究すべき課題が残されているが、委員会設置法が一年の時限立法とされたため、委員会は活動の法的根拠を失った。事故調査委員会設置法の延長を図らなかった国会の「怠慢」

を指摘し批判することは容易だが、一時的であるにせよ、国会が自ら設置法を制定して付属機関を設けたのは、戦後国会史上において特筆に値する。そこに国会の「良心」がなお残されている、と感じた人びとも少なくなかったのではないか。

とするならば、国会は原子力安全規制のための専門調査組織を、設置法をもって発足させるべきである。そこには原子力工学はもとより地震学、災害防護の研究者などがひろく集められるべきだ。そして三・一一シビアアクシデントの原因究明に取り組むとともに、新たな原子力規制機関の決定を立法府として調査しひろく社会に公表していくことがミッションとなる。すでに国会には衆参両院常任委員会の調査室、衆参両院法制局、さらに付属機関として国立国会図書館が設置されている。原子力安全規制の専門調査組織と常任委員会調査室、国立国会図書館調査及び立法考査局との連携を深めることによって、国会は原子力安全規制のダブルチェック体制の要石となりうる。各政党が国会専門調査機関の調査結果を活用していくかどうかは政党の責任だが、それをまったく無視するならば、政党そのものの存立が主権者たる国民から問われることになろう。

新たな原子力規制機関を「内閣の所轄の下」におき独立性を高めたうえでのダブルチェック体制は、以上のように三権分立の政治機構を基礎前提として構想されねばならないのである。

＊

三・一一シビアアクシデントの記憶が「風化」しているとは、時に聞く言葉である。それを望む政治・経済権力はともあれ、日本はけっして「風化」させてはならない重大事態を招いたのだ。脱原発社会に至るためには日本の政治・経済・社会の全般にわたる見直しが問われる。そのためにも、原子力安全規制の「中核」とされる機関の徹底した改革を必要としよう。以上に述べた新たな原子力規制システムは、あくまで現行法体系のなかで実現可能なのであり、たんなる机上の空論ではない。このことを指摘して筆を擱くことにする。

主な参考文献

磯村健太郎・山口栄二『原発と裁判官――なぜ司法は「メルトダウン」を許したのか』朝日新聞出版、二〇一三年
伊藤正次『日本型行政委員会制度の形成――組織と制度の行政史』東京大学出版会、二〇〇三年
海渡雄一『原発訴訟』岩波新書、二〇一一年
海渡雄一・小沼通二・新藤宗幸「座談会 疑惑の原子力基本法――「我が国の安全保障に資する」のたどる道」『科学』二〇一二年九月号
勝田忠広「福島事故五年後の原子力安全規制――現状と将来の課題」『科学』二〇一六年七月号
橘川武郎・武田晴人『原子力安全・保安院政策史』経済産業調査会、二〇一六年
木野龍逸『検証 福島原発事故・記者会見2――「収束」の虚妄』岩波書店、二〇一三年
原子力災害対策本部『原子力安全に関するIAEA閣僚会議に対する日本国政府の報告書――東京電力福島原子力発電所の事故について』二〇一一年
原子力資料情報室編『日本の原子力六〇年 トピックス32』原子力資料情報室、二〇一四年
原子力資料情報室編『脱原発の四〇年――原子力資料情報室と日本・世界の歩み』原子力資料情報室、二〇一五年
原子力資料情報室編『原子力市民年鑑二〇一五』七つ森書館、二〇一五年

櫻井正史「元委員が振り返る国会事故調」『自由と正義』二〇一四年四月号
島崎邦彦「最大クラスではない日本海「最大クラス」の津波――過ちを糺さないままでは「想定外」の災害が再生産される」『科学』二〇一六年七月号
城山英明・菅原慎悦・土屋智子・寿楽浩太「事故後の原子力発電技術ガバナンス」城山英明編『福島原発事故と複合リスク・ガバナンス(大震災に学ぶ社会科学 第三巻)』東洋経済新報社、二〇一五年
新藤宗幸『司法官僚 裁判所の権力者たち』岩波新書、二〇〇九年
新藤宗幸『司法よ! おまえにも罪がある――原発訴訟と官僚裁判官』講談社、二〇一二年
高木仁三郎『市民科学者として生きる』岩波新書、一九九九年
東京電力福島原子力発電所事故調査委員会(国会事故調)『報告書(本編、参考資料)』二〇一二年
東京電力福島原子力発電所における事故調査・検証委員会(政府事故調)『最終報告(本文編)』二〇一二年
日本再建イニシアティブ(民間事故調)『福島原発事故独立検証委員会 調査・検証報告書』ディスカヴァー・トゥエンティワン、二〇一二年
日野行介・尾松亮『フクシマ六年後 消されゆく被害――歪められたチェルノブイリ・データ』人文書院、二〇一七年
福山哲郎『原発危機 官邸からの証言』ちくま新書、二〇一二年
松岡俊二・師岡愼一・黒川哲志編『原子力規制委員会の社会的評価――三つの基準と三つの要件(早稲田大学ブックレット「震災後」に考えるシリーズ)』早稲田大学出版部、二〇一三年
もっかい事故調・原子力安全評価プロジェクト「日本の原子力安全を評価する」『科学』二〇一六年六月号

あとがき

巨大津波によって跡形もない宮古、大槌、石巻などの三陸沿岸の調査を行い、福島県飯舘村に入ったのは、二〇一一年五月の連休明け直後だった。全村民の避難が決定された村役場の玄関前には、運送会社のデスクが設けられ、住民が相談に訪れていた。東日本大震災の被災地とはいえ、一見するかぎり、飯舘村は何の変哲もない長閑（のどか）な田園だった。三陸沿岸とはあまりにも様相を異にしていた。だが、高線量の放射性物質が降り注ぎ人間の暮らしを許さない。畑の傍らに寂しそうに佇む老人の姿が今でも目に浮かぶ。原発サイトの崩壊のみが過酷事故の象徴ではない。眼にみえぬ核物質によって人びとが故郷を放逐される不条理こそ、原発の過酷事故の実相である。

東京電力福島第一原子力発電所の過酷事故をめぐっては、実に多くのドキュメントや研究書が公刊されている。それらは政府と東電のみならず原発を国策として推進することに利益を見出してきた「原子力ムラ」の動きを、厳しく問うものである。また避難者の労苦を丹念に追った著作も少なくない。けれども、安倍晋三政権には原発の過酷事故の原因を真摯に追究する姿勢が欠けている。それどころか、二〇一七年一〇月二二日の衆院総選挙結果を受けて、政権は原発をベースロード電源としてより強力に推進しようとしている。

こうしたなかで、二〇一二年九月一九日に発足した原子力規制委員会は、この問題にいかに対峙しようとしているのか。原子力規制委員会は民主党政権時代に設置されているが、本文で述べたように、「福島のシビアアクシデントを再び繰り返さない」として、当時野党であった自民党、公明党とともに設置法案が作成され成立をみた。

原子力規制委員会は、国家行政組織法第三条にもとづく行政委員会だが、内閣統轄下の環境省の外局である。行政委員会制度には内閣からの独立性や中立性が確保されるとの「素朴」な期待があるが、規制委員会の活動してきた五年余は、原発の推進を政策基調とする安倍政権の下にある。原子力規制委員会は新たな原発安全規制基準(新規制基準)を二〇一三年六月に定め、原発の再稼働ならびに四〇年の運転期間を過ぎた「老朽」原発の二〇年の運転延長審査をおこなってきた。原子力規制委員会が新規制基準に不適合とした原発は存在しない。それどころか、柏崎刈羽原発の再稼働については、東電の経営体質を叱責したかと思えば、それから短期間のうちに事実上再稼働を認めた。くわえて、「世界一厳しい」とされる新規制基準は、原発プラントの技術基準であって、事故時の住民避難計画の実効性は審査基準とされていない。三・一一から今日につづく住民の苦悩は、規制委員会には省みられていないようだ。

こうした原子力規制委員会は、傘下に原子力規制庁を設けているが、規制庁の幹部職員は、三・一一をもたらした原子力推進機関の官僚たちで占められている。行政委員会であるからといって政権からの独立性・中立性を信奉することはできないといってよい。

新たな原子力規制機関は、原発の再稼働審査のためのみにあるのではない。仮に原発が全て停止しても、廃炉の工程や核廃棄物の処分は厳しく管理されていかねばならない。政権さらには利害関係集団から独立かつ中立な規制機関を創ることは、重要課題としてありつづける。本書では、現行法体系のもとで可能な政権からの独立性と中立性の高い原子力規制機関のあり方をデッサンした。本書が原子力安全規制システムの改革議論に寄与するならば幸いである。

本書は岩波書店編集部の小田野耕明さんの何時もながらの熱心な編集作業にささえられている。お礼を申し添える次第です。

二〇一七年一一月

新藤宗幸

新藤宗幸

1946年 神奈川県生まれ
現在―公益財団法人後藤・安田記念東京都市研究所理事長，千葉大学名誉教授
専攻―行政学
著書―『行政指導』『技術官僚』『司法官僚 裁判所の権力者たち』『教育委員会』(以上，岩波新書)，『「主権者教育」を問う』(岩波ブックレット)，『新版 行政ってなんだろう』(岩波ジュニア新書)，『司法よ！ おまえにも罪がある』(講談社)，『現代日本政治入門』(共著，東京大学出版会)，『政治をみる眼』(出版館ブック・クラブ)ほか多数

原子力規制委員会
―独立・中立という幻想　　岩波新書(新赤版)1690

2017年12月20日　第1刷発行

著　者　新藤宗幸(しんどうむねゆき)

発行者　岡本　厚

発行所　株式会社 岩波書店
〒101-8002 東京都千代田区一ツ橋2-5-5
案内 03-5210-4000　営業部 03-5210-4111
http://www.iwanami.co.jp/

新書編集部 03-5210-4054
http://www.iwanamishinsho.com/

印刷・三秀舎　カバー・半七印刷　製本・松岳社

ISBN 978-4-00-431690-9　　Printed in Japan

岩波新書新赤版一〇〇〇点に際して

ひとつの時代が終わったと言われて久しい。だが、その先にいかなる時代を展望するのか、私たちはその輪郭すら描きえていない。二〇世紀から持ち越した課題の多くは、未だ解決の緒を見つけることのできないままであり、二一世紀が新たに招きよせた問題も少なくない。グローバル資本主義の浸透、憎悪の連鎖、暴力の応酬——世界は混沌として深い不安の只中にある。

現代社会においては変化が常態となり、速さと新しさに絶対的な価値が与えられた。消費社会の深化と情報技術の革命は、種々の境界を無くし、人々の生活やコミュニケーションの様式を根底から変容させてきた。ライフスタイルは多様化し、一面では個人の生き方をそれぞれが選びとる時代が始まっている。同時に、新たな格差が生まれ、様々な次元での亀裂や分断が深まっている。社会や歴史に対する意識が揺らぎ、普遍的な理念に対する根本的な懐疑や、現実を変えることへの無力感がひそかに根を張りつつある。そして生きることに誰もが困難を覚える時代が到来している。

しかし、日常生活のそれぞれの場で、自由と民主主義を獲得し実践することを通じて、私たち自身がそうした閉塞を乗り超え、希望の時代の幕開けを告げてゆくことは不可能ではあるまい。そのために、いま求められていること——それは、個と個の間で開かれた対話を積み重ねながら、人間らしく生きることの条件について一人ひとりが粘り強く思考することではないか。その営みの糧となるものが、教養に外ならないと私たちは考える。歴史とは何か、よく生きるとはいかなることか、世界そして人間はどこへ向かうべきなのか——こうした根源的な問いとの格闘が、文化と知の厚みを作り出し、個人と社会を支える基盤としての教養となった。まさにそのような教養への道案内こそ、岩波新書が創刊以来、追求してきたことである。

岩波新書は、日中戦争下の一九三八年一一月に赤版として創刊された。創刊の辞は、道義の精神に則らない日本の行動を憂慮し、批判的精神と良心的行動の欠如を戒めつつ、現代人の現代的教養を刊行の目的とする、と謳っている。以後、青版、黄版、新赤版と装いを改めながら、合計二五〇〇点余りを世に問うてきた。そして、いままた新赤版が一〇〇〇点を迎えたのを機に、人間の理性と良心への信頼を再確認し、それに裏打ちされた文化を培っていく決意を込めて、新しい装丁のもとに再出発したいと思う。一冊一冊から吹き出す新風が一人でも多くの読者の許に届くこと、そして希望ある時代への想像力を豊かにかき立てることを切に願う。

（二〇〇六年四月）

岩波新書より

政治

日中漂流	毛里和子
共生保障〈支え合い〉の戦略	宮本太郎
シルバー・デモクラシー 戦後世代の覚悟と責任	寺島実郎
憲法と政治	青井未帆
18歳からの民主主義	岩波新書編集部編
検証 安倍イズム	柿崎明二
右傾化する日本政治	中野晃一
外交ドキュメント 歴史認識	服部龍二
日米〈核〉同盟 原爆、核の傘、フクシマ	太田昌克
集団的自衛権と安全保障	豊下楢彦 古関彰一
日本は戦争をするのか	半田滋
アジア力の世紀	進藤榮一
民族紛争	月村太郎
自治体のエネルギー戦略	大野輝之
政治的思考	杉田敦
現代日本の政党デモクラシー	中北浩爾
サイバー時代の戦争	谷口長世
現代中国の政治	唐亮
日本の国会	大山礼子
戦後政治史〔第三版〕	石川真澄 山口二郎
〈私〉時代のデモクラシー	宇野重規
大臣〔増補版〕	菅直人
生活保障 排除しない社会へ	宮本太郎
「ふるさと」の発想	西川一誠
政治の精神	佐々木毅
「戦地」派遣 変わる自衛隊	半田滋
民族とネイション	塩川伸明
昭和天皇	原武史
集団的自衛権とは何か	豊下楢彦
沖縄密約	西山太吉
ルポ 改憲潮流	斎藤貴男
吉田茂	原彬久
戦後政治の崩壊	山口二郎
市民の政治学	篠原一
東京都政	佐々木信夫
有事法制批判	憲法再生フォーラム編
日本政治 再生の条件	山口二郎編著
安保条約の成立	豊下楢彦
岸信介	原彬久
自由主義の再検討	藤原保信
海を渡る自衛隊	佐々木芳隆
一九六〇年五月一九日	日高六郎編
日本の政治風土	篠原一
近代の政治思想	福田歓一

岩波新書より

経済

- 偽りの経済政策　服部茂幸
- ミクロ経済学入門の入門　坂井豊貴
- 経済学のすすめ　佐和隆光
- ガルブレイス　伊東光晴
- ユーロ危機とギリシャ反乱　田中素香
- ポスト資本主義 科学・人間・社会の未来　広井良典
- 日本の納税者　三木義一
- タックス・イーター　志賀櫻
- コーポレート・ガバナンス　花崎正晴
- グローバル経済史入門　杉山伸也
- アベノミクスの終焉　服部茂幸
- 新・世界経済入門　西川潤
- 金融政策入門　湯本雅士
- 日本経済図説〔第四版〕　宮崎勇・本庄真・田谷禎三
- 新自由主義の帰結　服部茂幸
- タックス・ヘイブン　志賀櫻

- WTO 貿易自由化を超えて　中川淳司
- 日本財政 転換の指針　井手英策
- 日本の税金〔新版〕　三木義一
- 世界経済図説〔第三版〕　宮崎勇・田谷禎三
- 成熟社会の経済学　小野善康
- 平成不況の本質　大瀧雅之
- 原発のコスト　大島堅一
- 次世代インターネットの経済学　依田高典
- ユーロ 危機の中の統一通貨　田中素香
- 低炭素経済への道　諸富徹・浅岡美恵
- 「分かち合い」の経済学　神野直彦
- グリーン資本主義　佐和隆光
- 消費税をどうするか　小此木潔
- 国際金融入門〔新版〕　岩田規久男
- 金融商品とどうつき合うか　新保恵志
- 金融NPO　藤井良広
- 地域再生の条件　本間義人

- 経済データの読み方〔新版〕　鈴木正俊
- 格差社会 何が問題なのか　橘木俊詔
- 景気とは何だろうか　山家悠紀夫
- 環境再生と日本経済　三橋規宏
- 人民元・ドル・円　田村秀男
- 社会的共通資本　宇沢弘文
- 景気と国際金融　小野善康
- 経営革命の構造　米倉誠一郎
- ブランド 価値の創造　石井淳蔵
- 景気と経済政策　小野善康
- アメリカの通商政策　佐々木隆雄
- 戦後の日本経済　橋本寿朗
- 共生の大地 新しい経済がはじまる　内橋克人
- 思想としての近代経済学　森嶋通夫
- シュンペーター　伊東光晴・根井雅弘
- 経済学の考え方　宇沢弘文
- 経済学とは何だろうか　佐和隆光
- ケインズ　伊東光晴

岩波新書より

震災日録 記憶を記録する　森まゆみ
原発をつくらせない人びと　山秋真
社会人の生き方　暉峻淑子
構造災 科学技術社会に潜む危機　松本三和夫
家族という意志　芹沢俊介
ルポ 良心と義務　田中伸尚
飯舘村は負けない　千葉悦子・松野光伸
夢よりも深い覚醒へ　大澤真幸
子どもの声を社会へ　桜井智恵子
就職とは何か　森岡孝二
日本のデザイン　原研哉
ポジティヴ・アクション　辻村みよ子
脱原子力社会へ　長谷川公一
希望は絶望のど真ん中に　むのたけじ
福島 原発と人びと　広河隆一
アスベスト 広がる被害　大島秀利
原発を終わらせる　石橋克彦編
日本の食糧が危ない　中村靖彦
勲章 知られざる素顔　栗原俊雄

希望のつくり方　玄田有史
生き方の不平等　白波瀬佐和子
同性愛と異性愛　風間孝・河口和也
居住の貧困　本間義人
贅沢の条件　山田登世子
新しい労働社会　濱口桂一郎
世代間連帯　上野千鶴子・辻元清美
道路をどうするか　五十嵐敬喜・小川明雄
子どもの貧困　阿部彩
子どもへの性的虐待　森田ゆり
戦争絶滅へ、人間復活へ　むのたけじ・聞き手 黒岩比佐子
テレワーク 「未来型労働」の現実　佐藤彰男
反貧困　湯浅誠
不可能性の時代　大澤真幸
地域の力　大江正章
ベースボールの夢　内田隆三
グアムと日本人 戦争を埋立てた楽園　山口誠
少子社会日本　山田昌弘

親米と反米　吉見俊哉
「悩み」の正体　香山リカ
変えてゆく勇気　上川あや
建築紛争　五十嵐敬喜・小川明雄
戦争で死ぬ、ということ　島本慈子
社会学入門　見田宗介
冠婚葬祭のひみつ　斎藤美奈子
少年事件に取り組む　藤原正範
いまどきの「常識」　香山リカ
働きすぎの時代　森岡孝二
桜が創った「日本」　佐藤俊樹
生きる意味　上田紀行
ルポ 戦争協力拒否　吉田敏浩
ウォーター・ビジネス　中村靖彦
男女共同参画の時代　鹿嶋敬
当事者主権　中西正司・上野千鶴子
ルポ 解雇　島本慈子
豊かさの条件　暉峻淑子
人生案内　落合恵子

岩波新書より

若者の法則	香山リカ
少年犯罪と向きあう	石井小夜子
自白の心理学	浜田寿美男
原発事故はなぜくりかえすのか	高木仁三郎
日本の近代化遺産	伊東孝
証言 水俣病	栗原彬編
コンクリートが危ない	小林一輔
東京国税局査察部	立石勝規
バリアフリーをつくる	光野有次
ドキュメント屠場	鎌田慧
能力主義と企業社会	熊沢誠
現代社会の理論	見田宗介
原発事故を問う	七沢潔
災害救援	野田正彰
命こそ宝 沖縄反戦の心	阿波根昌鴻
スパイの世界	中薗英助
「成田」とは何か	宇沢弘文
都市開発を考える	大野輝之 レイコ・ハベ・エバンス
ディズニーランドという聖地	能登路雅子
原発はなぜ危険か	田中三彦
豊かさとは何か	暉峻淑子
農の情景	杉浦明平
光に向って咲け	粟津キヨ
異邦人は君ヶ代丸に乗って	金賛汀
読書と社会科学	内田義彦
ああダンプ街道	佐久間充
科学文明に未来はあるか	野坂昭如編著
働くことの意味	清水正徳
原爆に夫を奪われて	神田三亀男編
プルトニウムの恐怖	高木仁三郎
住宅貧乏物語	早川和男
食品を見わける	磯部晶策
社会科学における人間	大塚久雄
沖縄ノート	大江健三郎
追われゆく坑夫たち	上野英信
この世界の片隅で	山代巴編
音から隔てられて	入谷仙介 林瓢介編
ものいわぬ農民	大牟羅良
世直しの倫理と論理（下）	小田実
死の灰と闘う科学者	三宅泰雄
米軍と農民	阿波根昌鴻
暗い谷間の労働運動	大河内一男
ユダヤ人	J-P・サルトル 安堂信也訳
社会認識の歩み	内田義彦
社会科学の方法	大塚久雄
自動車の社会的費用	宇沢弘文